"十四五"职业教育国家规划教材

剪吹造型

（第二版）

■ 主编　张玲

中国教育出版传媒集团

高等教育出版社·北京

内容简介

　　本书为"十四五"职业教育国家规划教材,依据教育部《中等职业学校美发与形象设计专业教学标准》,在第一版的基础上修订而成。

　　本书编写以传承中华传统文化,坚定文化自信为指导思想。引导学生在掌握现代剪吹造型技法的基础上,学习掌握典型传统发型剪吹造型方法和传统造型技法,弘扬和传承传统技艺。全书内容包括剪吹造型基础、零度层次发式剪吹造型,低层次发式剪吹造型,高层次发式剪吹造型,均等层次、混合层次发式剪吹造型、商业发型剪吹造型。本书体例活泼,图片清晰美观,能适应时代的发展和满足学生的需要。

　　本书配套Abook教学资源,按照书后郑重声明页提示可下载使用。本书配套发型浏览二维码,可扫码观看细节。

　　本书可作为中等职业学校美发与形象设计专业、美容美体艺术专业学生用书,也可作为相关行业岗位培训用书。

图书在版编目(ＣＩＰ)数据

　　剪吹造型 / 张玲主编. --2版. --北京:高等教育出版社,2022.2 (2024.11重印)

　　ISBN 978-7-04-057335-0

　　Ⅰ.①剪… Ⅱ.①张… Ⅲ.①理发-中等专业学校-教材 Ⅳ.①TS974.2

　　中国版本图书馆 CIP 数据核字(2021)第 227793 号

Jianchui Zaoxing

| 策划编辑　刘惠军 | 责任编辑　刘惠军 | 封面设计　于　博 | 版式设计　王艳红 |
| 插图绘制　于　博 | 责任校对　高　歌 | 责任印制　存　怡 | |

出版发行	高等教育出版社	网　　址	http://www.hep.edu.cn
社　　址	北京市西城区德外大街 4 号		http://www.hep.com.cn
邮政编码	100120	网上订购	http://www.hepmall.com.cn
印　　刷	北京市密东印刷有限公司		http://www.hepmall.com
开　　本	889mm×1194mm　1/16		http://www.hepmall.cn
印　　张	20.25	版　　次	2017 年 8 月第 1 版
字　　数	420 千字		2022 年 2 月第 2 版
购书热线	010-58581118	印　　次	2024 年 11 月第 4 次印刷
咨询电话	400-810-0598	定　　价	59.00 元

前　言

　　本书是"十四五"职业教育国家规划教材,依据教育部《中等职业学校美发与形象设计专业教学标准》,在第一版的基础上修订而成。教材编写以经济快速发展和人民群众更高的精神文化需求为现实背景,坚持立德树人,落实素质教育。吸引企业优秀人才参与教材编写,产教融合,突出职业教育类型定位。

　　剪吹造型是中等职业学校美发与形象设计专业开设的专业核心课程,具有较强的技术性和实用性。通过对本课程的学习,帮助学生掌握发式修剪和吹风造型的工作流程、方法、技巧和规范以及相关知识;培养良好的职业习惯,树立较强的服务意识、卫生意识、安全意识;达到职业资格鉴定中相关职业能力的技能要求,并为继续深造打下良好基础。

　　教材修订后具有以下特点。

　　1. 体现职教特色

　　选择美发企业典型工作任务为学习内容,以剪吹造型工作过程为导向引领和开展学习。有机嵌入职业标准、企业标准,紧密结合实际工作岗位要求,增强了学习的实用性和有效性。明确考核标准、细化评价方法,关注对学生理解知识、掌握技能和规范服务的评价。在学习专业技术的同时引导学生养成精益求精、质量第一、顾客至上、以质量求生存的敬业精神,促进学生综合职业能力的发展。学习内容既能承载课程标准所需的知识和技能,同时涵盖职业技能鉴定考核内容。

　　2. 体例新颖

　　依据"理实一体"的课程改革要求及"行动导向"的教学改革要求,将理论与实践、知识与技能有效结合,每一个学习内容都以具体的工作任务形式呈现出来,并通过多个环节(学习目标、知识技能准备、任务实施、任务小结、知识链接、检测与练习)来展开学习,使学生真正做到"做中学""学中做",直至上升到"做中悟"的高层次。

　　3. 以学生为本

　　教材结合中职学生学习特点,以掌握实用操作技能为根本出发点,依据技能操作难度,由简到繁、由易到难进行项目和任务的编排,知识和技能呈螺旋式递进,分布在任务中。配以大量图片解释,图文并茂、直观性强,有利于学生对知识技能的理解和掌握。引领学生经历完整的工作过程,在掌握技能的同时明确工作流程、操作质量标准、规范服务标准,实现教学与工作岗位要求的有效对接。

4. 注重技能传承与学生发展

选材时既关注新知识、新技能，同时融入美发传统技艺的学习和训练，强化基本技能训练和操作规范的养成，重点技能给予提示，对关键知识技能点及时进行检测评价和反思，注重体验式学习和反思性学习。不仅帮助学生学会技能操作、掌握专业知识，同时引导学生掌握学习方法，为今后职业发展打下良好基础。

5. 配套数字化教学资源

教材配套 ABOOK 和二维码教学资源，适教适学。

教材学时数为 252，具体安排见下表（供参考）：

项目	任务	学时
一	剪吹造型基础	18
二	零度层次发式剪吹造型	54
三	低层次发式剪吹造型	36
四	高层次发式剪吹造型	36
五	均等层次、混合层次发式剪吹造型	54
六	商业发型剪吹造型	54
合计		252

（注：各学校对学时分配可根据本校实际情况酌情增减）

本教材由张玲任主编；蔡红芳、高震云任副主编；范丽鹏编写项目一，张玲编写项目二，蔡红芳编写项目三，安计莲编写项目四，何新编写项目五，吴媛媛、阮涛编写项目六，阚笑文为本书绘制了图片。书中选取了部分专业书籍中的图片和相关资料，在此对原作者表示感谢。在编写过程中得到职教专家、行业专家以及童辉造型、古藤美容美发有限公司等企业和美发技师的大力支持，得到李辉先生的指导和帮助，以及模特耿怡、李小欢、漆青、刘苗苗、姜涛、马文卓的支持与协助，在此一并表示衷心感谢。

由于编者水平有限，书中难免有疏漏之处，敬请专家和读者批评指正。意见反馈可发邮件至 zz_dzyj@pub.hep.cn。

编　者

《剪吹造型》为"十二五"职业教育国家规划立项教材,中等职业教育美发与形象设计专业教学用书,依据教育部《中等职业学校美发与形象设计专业教学标准》编写而成。本书在编写过程中坚持以服务发展为宗旨、以促进就业为导向,按照"五个对接""十个衔接"的要求,突出重点领域,参照相关国家职业标准和行业职业技能鉴定规范,强化行业指导,体现工学结合的精神。

剪吹造型是中等职业学校美发与形象设计专业开设的专业核心课程,具有较强的技术性和实用性。通过对本课程的学习,帮助学生掌握发式修剪和吹风造型的工作流程、方法、技巧和规范以及相关知识;培养良好的职业习惯,树立较强的服务意识、卫生意识、安全意识;达到职业资格鉴定中相关职业能力的技能要求,并为继续深造打下良好基础。

本书的编写特点:

1. 立足就业

本书编写时突出就业,选择美发企业典型工作任务为学习内容,以剪吹造型工作过程为导向引领和开展学习。有机嵌入职业标准、企业标准,紧密结合实际工作岗位要求,增强了学习的实用性和有效性。明确考核标准、细化评价方法,关注对学生理解知识、掌握技能和规范服务的评价。在学习专业技术的同时引导学生养成精益求精、质量第一、顾客至上、以质量求生存的敬业精神,促进学生综合职业能力的发展。学习内容既能承载课程标准所需的知识和技能,同时涵盖劳动和社会保障部职业技能鉴定考核内容。

2. 体例新颖

依据"理实一体"的课程改革要求及"行动导向"的教学改革要求,将理论与实践、知识与技能有效结合,每一个学习内容都以具体的工作任务形式呈现出来,并通过多个环节:学习目标、知识技能准备、任务实施、任务小结、知识链接、检测与练习来展开学习,使学生真正做到"做中学""学中做""做中悟",直至上升到"悟中觉"的高层次。

3. 以学生为本

书中结合中职学生学习特点,以掌握实用操作技能为根本出发点,依据技能操作难度,由简到繁、由易到难进行项目和任务的编排,知识和技能呈螺旋式递进,分布在任务中。配以大量图片解释,图文并茂、直观性强,有利于学生对知识技能的理解和掌握。引领学生经历完整的工作过程,在掌握技能的同时明确工作流程、操作质量标准、规范服务标准,实现教学与工作岗位要求的有效对接。

4. 注重技能传承与学生发展

选材时既关注新知识、新技能,同时融入美发传统技艺的学习和训练,强化基本技能训练和操作规范的养成,重点技能给予提示,对关键知识技能点及时进行检测评价和反思,注重体验式学习和反思性学习。不仅帮助学生学会技能操作、掌握专业知识,同时引导学生掌握学习方法,为今后职业发展打下良好基础。

本书课时数为 252 学时,具体安排见下表(供参考):

项目	任务	学时
一	零度层次发式剪吹造型	54
二	低层次发式剪吹造型	36
三	高层次发式剪吹造型	36
四	均等层次、混合层次发式剪吹造型	54
五	商业发型剪吹造型	72
合计		252

(注:各学校对学时分配可根据本校实际情况酌情增减)

本书由张玲任主编;蔡红芳、高震云任副主编;张玲编写项目一,蔡红芳编写项目二,安计莲编写项目三,何新编写项目四,吴媛媛、阮涛编写项目五,阚笑文为本书绘制了图片。书中选取了部分图片和相关资料,在此对原作者表示感谢。在编写过程中得到职教专家、行业专家以及童辉造型、古藤美容美发有限公司等企业和美发技师的大力支持,得到李辉先生的指导和帮助,以及模特耿怡、李小欢、漆青、刘苗苗、姜涛、马文卓的支持与协助,在此一并表示衷心感谢。

由于编者水平有限,书中难免有疏漏之处,敬请专家和读者批评指正。意见反馈可发邮件至 zz_dzyj@pub.hep.cn。

编　者

2017 年 1 月

目　录

剪吹造型基础

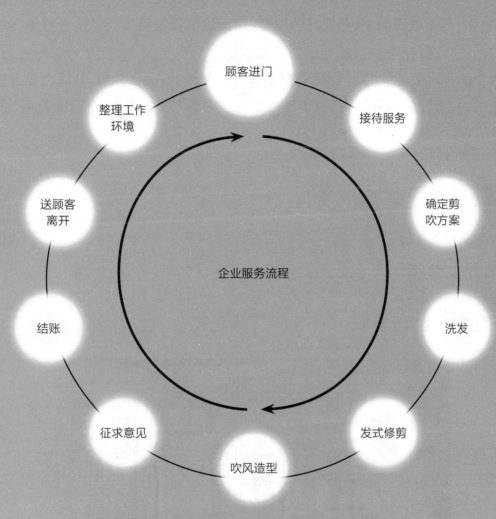

顾客进门

接待服务

整理工作环境

确定剪吹方案

送顾客离开

企业服务流程

洗发

结账

发式修剪

征求意见

吹风造型

一、剪吹造型的概念及其作用

剪吹造型即发式修剪（推剪）和吹风造型,运用剪吹工具、造型用品等,通过修剪、推剪、吹风、做卷等手段,改变头发形态,塑造不同发型效果。

发式修剪是美化形象和发式造型的基础,剪发是决定发型的重要因素,好的发型不仅可以修饰头形,还可以修饰脸形,弥补脸形的缺陷等。美发师通过美发工具和修剪技巧,对头发的长度、边线效果、薄厚进行调整,塑造好的发型,从而达到修饰脸形、头形、身材等作用,凸显个人独特魅力。

吹风造型既可以使湿发快速干燥,也同时改变头发形状、头部轮廓,从而凸显美感与个性。从某种意义上讲,剪发好比搭建构架,吹风造型是在构架上进行点缀与修饰,起到"画龙点睛"的效果。

二、剪吹造型环境与行为规范

1. 环境要求（图 1-1）

（1）装潢时尚、高雅。

（2）环境干净、整洁。

（3）空气流通、室内无异味。

图 1-1

（4）光线充足均匀,确保工作照明亮度。

（5）工具设备齐全、卫生,能正常使用。

（6）用品摆放整齐有序,及时清洁、消毒、归位。

2. 行为规范

良好的行为规范可体现企业文化,也能直接反映美发店的服务质量。对美发师的行为规范有如下要求。

上岗着工装,整齐干净,佩戴工牌;发型干净利落,女士淡妆上岗;口腔卫生,班前不吃有异味的食物,不喝酒;谈吐文雅,彬彬有礼、落落大方,举止端庄;保持良好的精神状态;语言清晰、音量适中、简短明确,不说粗话、脏话;与顾客交谈要主动打开话题,不涉及顾客的隐私。

三、毛发知识

1. 毛发的解剖生理（图1-2）

从毛发的生理解剖可见,除手掌及足底等处外,在整个人体表面均有毛发分布生长。每根毛发可分为毛干和毛根两部分。毛干是露在皮肤以外的部分,毛根是由毛囊包裹,毛囊末端膨大呈球形,称为毛球。毛球底部的凹陷处,含有结缔组织,连接毛细血管和神经纤维的毛乳头。毛乳头为毛发输送营养,是毛发生长的重要条件。如果毛乳头因营养缺乏或被损坏退化,毛发就会停止生长并逐渐脱落。毛乳头是毛发和毛囊的生长点,毛乳头含有毛母质细胞。毛母质细胞间的黑色素细胞能将色素输入到新生的毛根上,从而形成毛发的颜色。

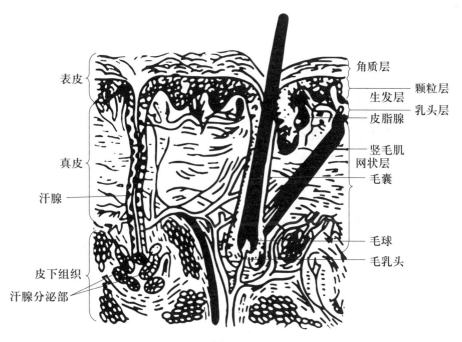

图 1-2

毛发与皮肤表面成一定角度,在锐角侧有一条斜向的平滑肌束,称为竖毛肌。它一端附于毛囊,另一端位于真皮的浅部。竖毛肌受交感神经支配,在遇寒冷、恐惧、愤怒时可收缩而使毛发竖(直)起,使皮肤呈鸡皮状。

2. 毛发的新陈代谢

毛发的生命可分为生长期、退行期、静止期三个时期。毛发到了一定的时间就会自然脱落,生长出新的毛发。毛发不是无限制地生长,也不是连续生长。毛发的新陈代谢是有一定周期的。人体不同部位的毛发生长周期各不一样。头发的生长期一般为 2~6 年,最长可延续25 年;退行期约数周;静止期约 4~5 个月,而后就会自然脱落。正常人每天脱落 50~100 根头发。毛发的生长受人体健康影响而有快有慢,平均每日生长 0.27~0.4 毫米。眉毛的生长期为 3~6年。静止期 8~9 个月。可以说,只要生命不息,毛发的新陈代谢就不会停止。成人的头发数量一般为 10 万~15 万根。正常人大约有 85% 的头发处在生长期,维持头发的正常数量。

3. 毛发的分类

人的毛发可分为软毛和硬毛两大类

头发、眉毛、睫毛、胡须、腋毛等为硬毛。面部、颈部及躯干四肢等部位的毫(汗)毛等为软毛。硬毛颜色较浓、粗、硬,有长短之别。眉毛、睫毛属于短毛,头发、胡须属于长毛。软毛颜色较淡、细软、短小。

4. 头发的构造

头发是皮肤的附属物,头发不能离开皮肤而独立存在。头发从外到内分为表皮层、皮质层和髓质层(图 1-3)。

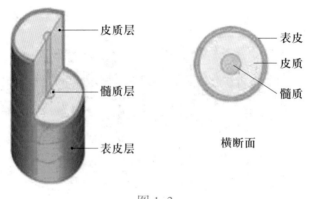

图 1-3

(1) 表皮层:位于头发最外层,为皮质层与髓质层的保护膜,由 6~12 层鳞片状的透明角蛋白(又称毛鳞片)包围而成。表皮层占头发的 5%~15%。它保护头发抵御外来机械性伤害。遇到碱性物质时,毛鳞片张开;遇到酸性物质时,毛鳞片紧闭。

(2) 皮质层:是头发的主要组成部分,约占头发的 80%。皮质层由皮质纤维、凝胶、间充物质、空隙等组成。由 5 种元素组合成的氨基酸构成基本螺旋卷,多个螺旋卷形成一束原始纤维,原始纤维互相扭转连接而形成皮质纤维。皮质纤维之间的横向联结便是键结。皮质层赋予头发弹性、张力和韧性。皮质层中的色素粒子决定头发的颜色。

(3) 髓质层:位于头发的中心部分,占头发 0%～5%,起到支撑头发的作用。有些毛发没有髓质层。

5. 头发的种类及其特征

头发的种类很多,因性别和年龄不同而各有差异。成人头发直径粗的为 0.08～0.1 毫米,细的为 0.04～0.05 毫米,大多数人的头发粗细为 0.06～0.08 毫米。根据头发的软硬性质、含水量等特征,可将头发分为硬发、绵发、油发、沙发、自然卷发五种类型。

(1) 硬发:发干粗硬、又黑又直、富有弹性,毛孔密度大、含水量多。头发光亮,美丽迷人。但是,硬发在吹风造型时,需要过硬的技术,否则难以达到理想的造型效果。

(2) 绵发:发质细软,毛干直径小,含水量较少,弹力差。由于头发细软比较服帖,便于梳理,所以塑造俏丽的短发极为合适,若留长发则不易造型。即便造型,也不能持久。

(3) 油发:含油脂较多,颜色黑亮,弹力不稳定,抵抗力很强,造型较困难,尤其是做发卷、发花、波纹难度更大。

(4) 沙发:发质缺乏油脂,含水量较少,头发干枯、蓬散,不易定型。因头发不服帖,给人一种零乱的感觉,造型后发丝不光滑、不流畅。沙发应增加头发营养,加强护发、养发,以减少蓬散感。

(5) 自然卷发(自来卷):含水量少,油脂也少,头发自然卷曲。要想充分显示卷曲发的美,应将头发适当留长些。这种头发发质容易造型。

美发师掌握了不同类型的发质,就可以采取不同的修剪、吹风造型方法,因人因发质设计制作出不同式样的发型。

6. 头发的颜色

毛发的颜色决定于毛发内细胞黑色素的数量及性质。黑色素细胞存在于毛球内。毛球是毛发和毛囊的生长点。毛球内有毛母质细胞,毛母质细胞间的黑色素细胞能将色素输入到新生的毛根上,从而形成毛发的颜色。毛发的颜色因人种不同而异。黄种人的头发颜色大多数是黑色;白种人的头发一般多为浅黄色,部分人是棕色或金黄色;黑种人的头发多为黑褐色或赤褐色。这些不同颜色的头发除了种族、遗传、内分泌、年龄及受神经心理影响等因素外,还与头发里面所含金属元素、色素颗粒有关。同时,毛发颜色的深浅还与皮肤颜色深浅有着密切的关系。一般来说,肤色深的人毛发颜色深,肤色浅的人毛发颜色浅。

四、头发修剪原则

每个人的头发性质和生长流向都不一样。有的人头发又细、又软,紧贴头皮;有的人的一部分头发呈螺旋形生长;有些人的颈背部头发向上(逆向)或横向生长,极不顺服;有的人头部有疤痕缺陷等。因此,在修剪时,要先用梳子梳顺头发,并以此确定顾客头形、头发的情况,如发现有特殊情况,则要采取相应的措施,使用不同的修剪技巧。

1. 对细软而又紧贴头皮头发的处理

紧贴头皮的头发,一是头发本身细软,二是头发稀少,三是由于睡觉时受压或戴帽子压平头发,使头发贴紧头皮。根据头发贴紧头皮面积大小的不同,在处理上要采取不同的措施和技巧。修剪操作时,必须先要用发梳将头发挑起扶直,然后再修剪,否则就无法操作。由于头发细软,扶直比较困难,所以,要灵活掌握发梳挑起头发的角度,也要把握好电推子或剪刀的修剪角度。如采用紧贴发梳剪,或用剪刀尖雕剪、削剪或疏剪等操作方法,既要把茬接好,又不露痕迹,使色调匀称。

2. 对颈背部倒生长或横向生长头发的处理

修剪或推剪时,发梳要由上往下梳,将头发挑出来或用剪刀斜雕,特别是左右横向生长的头发,一定要用发梳拉出来后,再精心雕剪或用刀尖倒雕、斜雕,使色调匀称。

3. 对稀少而又贴紧头皮头发的处理

在修剪操作时,难度较大,如果处理不好会形成脱节现象,这种头发的色调、幅度要适当拉长,基线略低一些,中部宽一些。操作时,先用梳子将头发拉直、挑起,开始剪时,留长一些,避免一下剪空。然后再进行精细挑剪,直至成型。以达到发色、肤色自然衔接,融为一体。轮廓部位略薄一些,使之自然、蓬松,避免有过硬感觉。

五、发型层次与基本效果

见表 1-1 (图 1-4 至图 1-11)。

表 1-1 发型层次与基本效果

层次	概念	头发表面纹理
 零度层次 图 1-4	发梢自然垂落时,内外发梢垂落在相同位置,从而形成一个不间断、静止的表面纹理 (图 1-4)	 图 1-5 只能看到最外层头发,表面纹理平滑不间断 (图 1-5)

续表

层次	概念	头发表面纹理
低层次 图 1-6	低层次又称边沿层次。在修剪时把头发分成一个个发片，将发片提拉起来，使之与头皮形成一定的夹角，夹角应小于 60°。留出头发的设计长度，用剪刀修剪发梢，头发自然垂落后，发梢就形成外短内长的效果（图 1-6）	图 1-7 发式底部有发梢的重叠，表面能看到平滑和不平滑两种纹理（图 1-7）
高层次 图 1-8	高层次又称渐增层次。其轮廓为拉长的椭圆形，具有不平滑的活动纹理，结构为上短下长。渐增发型的提拉角度为 90°～180°。提拉角度越大，则发尾层次幅度越大，发尾重叠及姿态越丰富，动感越强（图 1-8）	图 1-9 头发长度从头顶到底部逐渐递增，发式顶部开始有发梢的重叠，表面呈不平滑的纹理（图 1-9）
均等层次 图 1-10	均等层次又称等长层次、球形层次。是根据头形的弧度，将头发剪成等长。根据具体条件或发式设计要求，在额部、鬓发或颈背后的头发也可适当有变化。头发的末端散开，在头形的球面上制造出完全不平顺的纹理，这就使修剪后的层次、轮廓外形（轨迹）与头形球面平行（图 1-10）	图 1-11 表面纹理不平滑，呈密集而均匀分布（图 1-11）

六、发型中的四个面和转角线

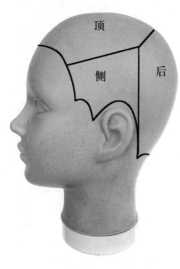

1. 四个面

指头部生长头发的四个方向,即头顶、左侧面、右侧面、后面。为了便于操作和表述这四个面,可以在这四个位置上虚拟画出四个平面 (图 1-12)。

2. 转角线

四个面相交形成转角,相交之处形成的线即为转角线。因头是圆形的,转角线可以使几个面过渡、连接。

图 1-12

七、发型内结构中的基准点和基准线

1. 基准点

基准点是在头部用来确定位置的点。作用是准确定位、便于连线、分区、修剪、设计,以及进行重量分配 (图 1-13、图 1-14)。

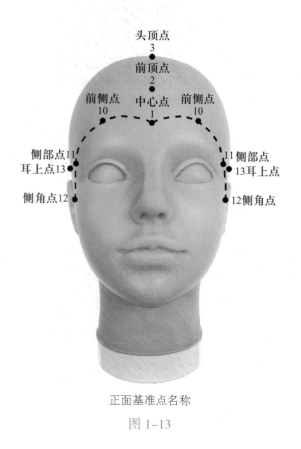

正面基准点名称

图 1-13

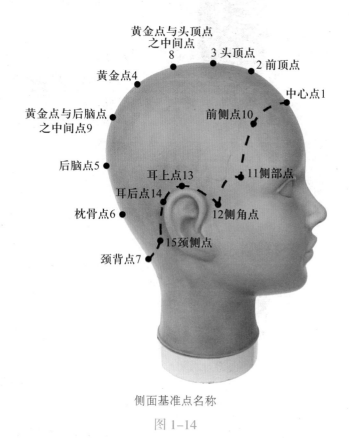

侧面基准点名称

图 1-14

2. 基准线

基准线包括中心线、侧中心线、U 形线、两耳水平线、发际线。

（1）中心线：从中心点经过前顶点、顶点、黄金点、后脑点至颈背点所形成的线称为中心线（图 1-15、图 1-16）。

（2）侧中心线：从顶点至两耳上点所形成的线称为侧中心线（图 1-17）。

（3）U 形线：从左边前侧点经过黄金点至右边前侧点所形成的线称为 U 形线（图 1-18）。

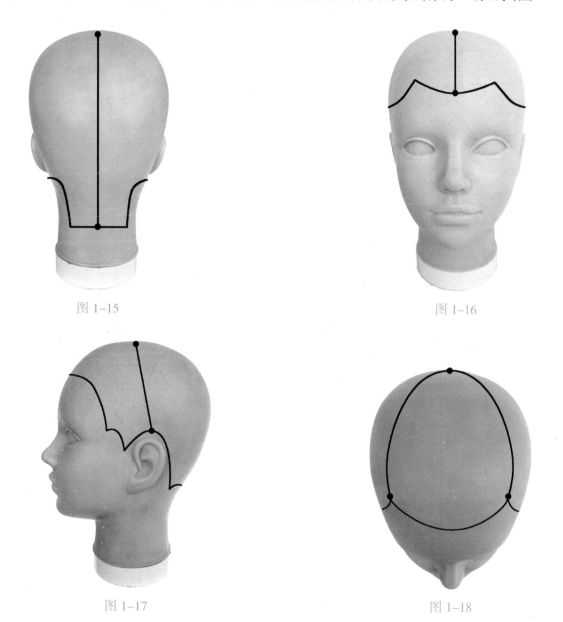

图 1-15

图 1-16

图 1-17

图 1-18

（4）两耳水平线：从左边耳上点经过后脑点至右边耳上点所形成的线称为两耳水平线（图 1-19）。

（5）发际线：头发生长的边缘线称为发际线（图 1-20）。

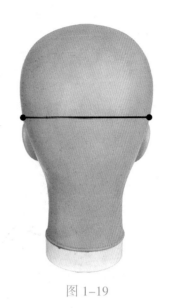

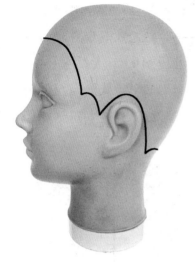

图 1–19　　　　　　　　　　　　　　　　　图 1–20

八、分区

为了便于修剪,体现不同的发型效果,修剪时可划分成一定的区域进行。常用分区有十字分区、四分区、五分区、左右分区和前后分区 (图 1–21 至图 1–25)。

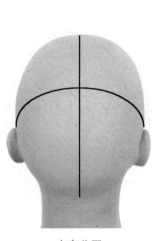

十字分区

图 1–21

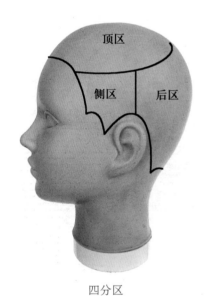

四分区

图 1–22

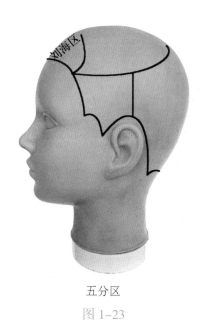

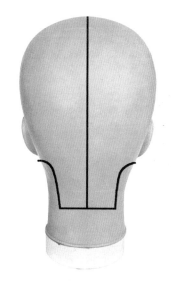

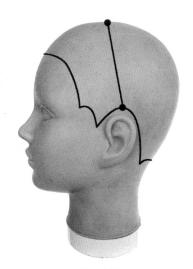

<table>
<tr><td>五分区</td><td>左右分区</td><td>前后分区</td></tr>
<tr><td>图 1–23</td><td>图 1–24</td><td>图 1–25</td></tr>
</table>

九、修剪中头发的分片与分配

1. 分片

为准确、快速达到剪吹造型效果，在剪吹过程中通常将头发进行分片操作。按照分发片方向，一般分为水平分片、斜向左分片、斜向右分片、垂直分片（图 1–26 至图 1–29）。

2. 分配

指头发的提拉方向（图 1–30 至图 1–32）。

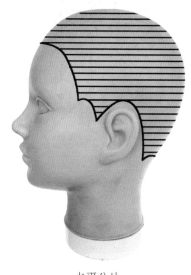

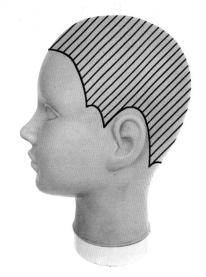

水平分片	斜向左分片
图 1–26	图 1–27

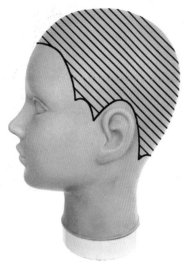

斜向右分片

图 1-28

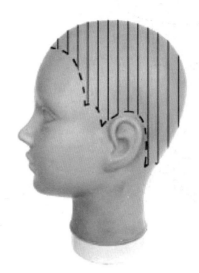

垂直分片

图 1-29

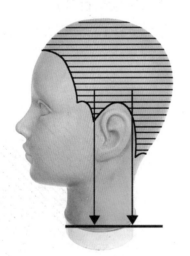

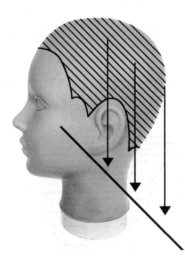

自然分配：自然从头部下垂

图 1-30

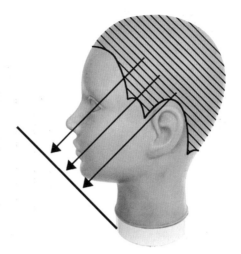

垂直分配：头发与分线成 90°

图 1-31

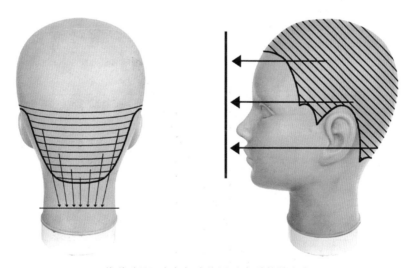

偏移分配：头发与分线呈垂直以外的方向

图 1-32

十、头位

头位指修剪时头的位置，直接影响修剪效果。

1. 头位端正

在修剪引导线时要保持头位端正（图 1-33）。

2. 头位向下

头位向下水平剪齐,当头位恢复端正时,会出现前短后长的效果 (图 1-34)。

3. 头位向上

头位向上水平剪齐,当头位恢复端正时,会出现前长后短的效果 (图 1-35)。

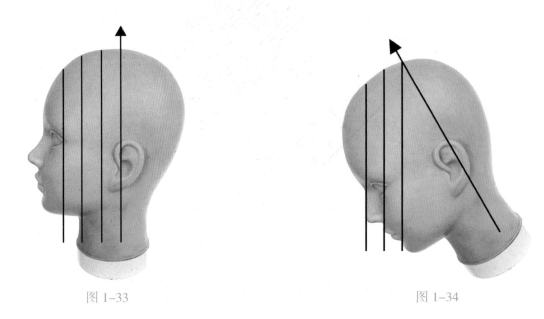

图 1-33   图 1-34

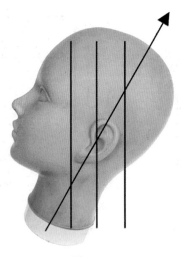

图 1-35

十一、剪切线

剪切线是由发梢的切口点集合排列形成的。发型外结构剪切线包括水平线、垂直线、斜线、曲线和直线与曲线组合成的线等（图 1-36 至图 1-40）。

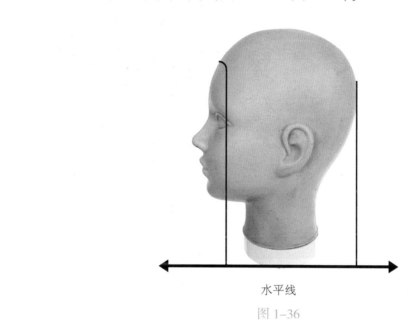

水平线

图 1-36

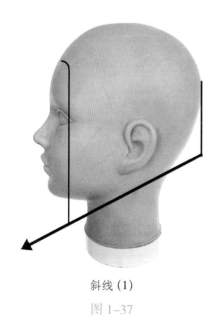

斜线（1）

图 1-37

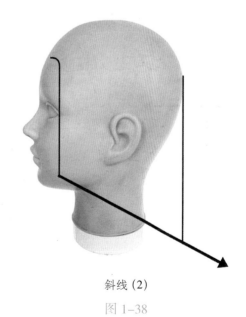

斜线（2）

图 1-38

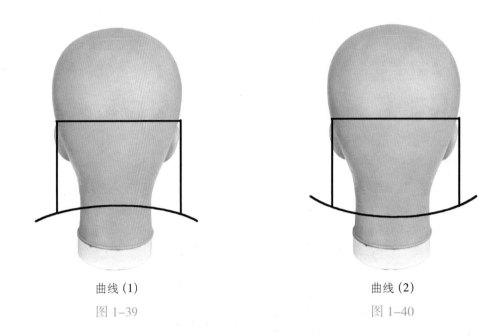

曲线 (1)
图 1-39

曲线 (2)
图 1-40

十二、引导线（设计线）

引导线（设计线）用于修剪时指引长度。可以是固定的，也可以是活动的。

1. 固定引导线

不变、稳定的线，头发长度都受其指引（图 1-41、图 1-42）。

2. 活动引导线

一条活动的线，包含少量刚剪过的头发，作为修剪下一个发区或发片的指引（图 1-43）。

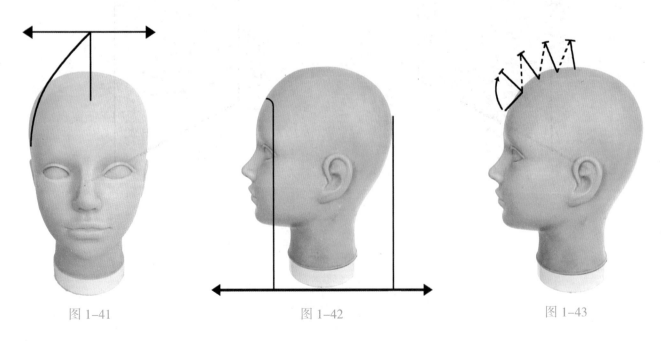

图 1-41　　　　　　　　　图 1-42　　　　　　　　　图 1-43

十三、头路

头路即我们常说的头缝。常用头路有五种（图1-44）。可根据脸型、头型和发型的设计需要确定位置，一般头路长度不超过耳上线。

1. 中分

对准眉心中间。

2. 四六分

对准内眼角。

3. 三七分

对准瞳孔中间。

4. 二八分

对准瞳孔外侧或眉峰。

5. 一九分

对准外眼角。

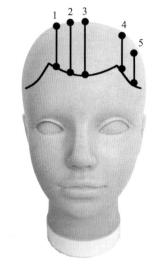

1. 三七分　2. 四六分　3. 中分

4. 二八分　5. 一九分

图1-44

十四、修剪、造型工具及辅助用品

1. 常用修剪、造型常用工具及辅助用品（表1-2、图1-45至图1-75）

表1-2　常见修剪、造型常用工具及辅助用品

名称	作用	图示	要求
教习发 （图1-45）	代替模特， 供初学者使用	图1-45	洗干净摆放在支架上

续表

名称	作用	图示	要求
支架 (图 1-46)	支撑教习发	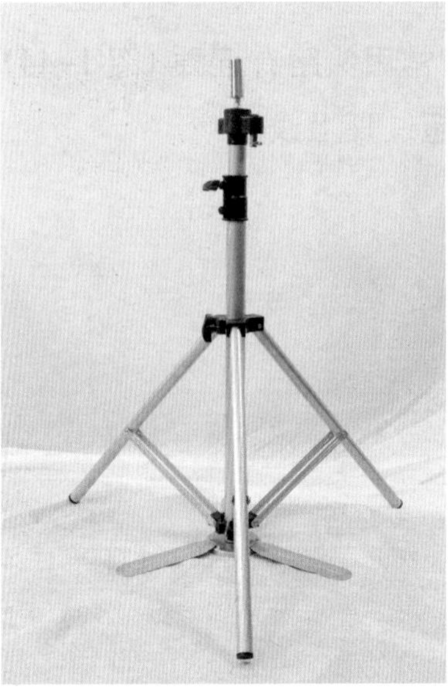 图 1-46	确保正常使用
喷壶 (图 1-47)	喷湿头发	 图 1-47	接满水,确保正常使用
颈纸 (图 1-48)	保护顾客衣领	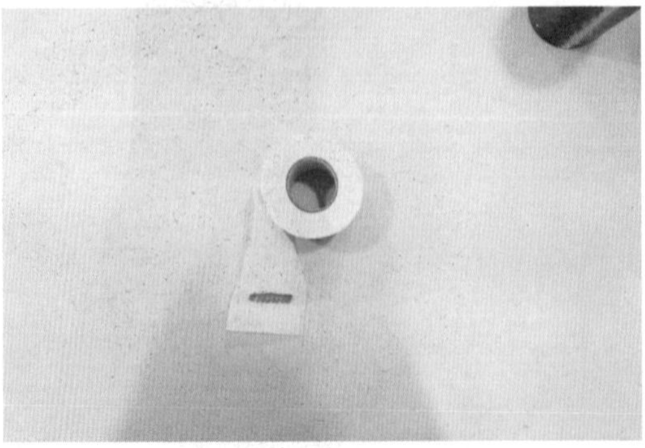 图 1-48	干净卫生,在工具车 上摆放整齐

续表

名称	作用	图示	要求
围布 (图1-49)	保护顾客衣服	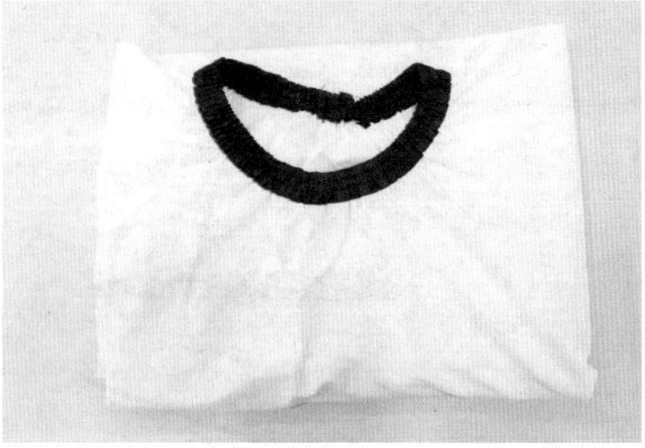 图1-49	干净,摆放整齐
客服 (图1-50)	保护顾客衣服	 图1-50	干净,摆放整齐
掸刷 (图1-51)	掸掉颈部、 脸部碎发	 图1-51	干净卫生
闪镜 (图1-52)	方便顾客观察 后部头发效果	 图1-52	镜面干净

名称	作用	图示	要求
夹子 (图1-53)	固定头发	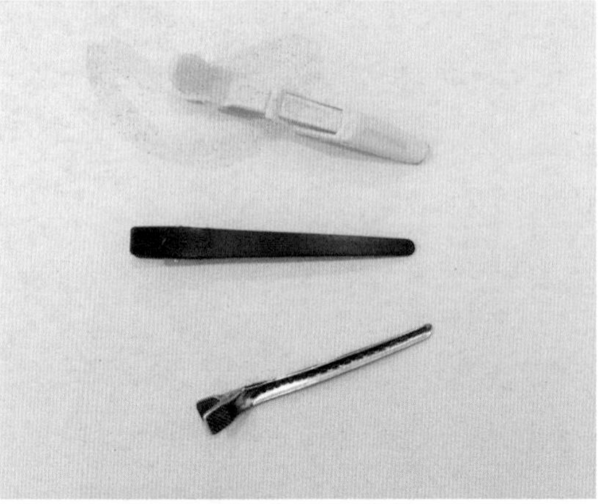 图1-53	干净卫生
疏密梳 (图1-54)	梳理头发	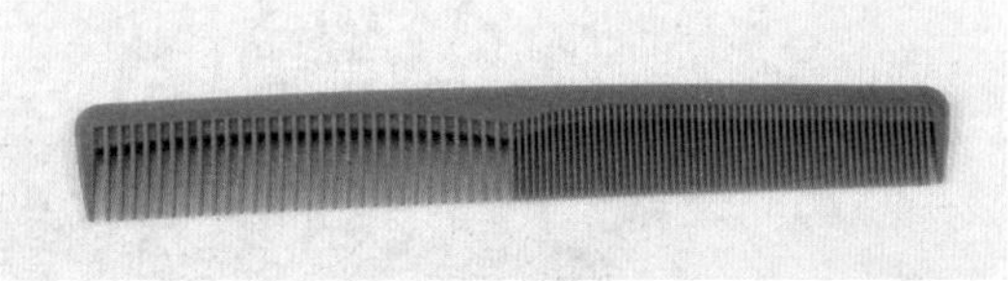 图1-54	干净卫生， 无头发等污物
排骨刷 (图1-55)	梳理头发、配合 吹风机造型	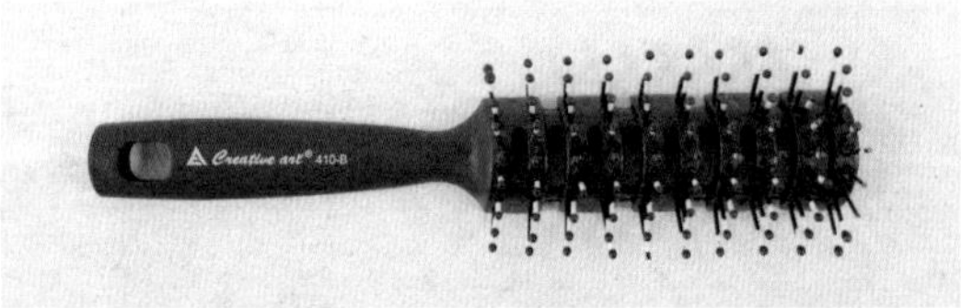 图1-55	干净卫生， 无头发等污物
滚刷 (图1-56)	配合吹风机造型	 图1-56	干净卫生， 无头发等污物
九行刷 (图1-57)	梳理头发、配合 吹风机造型	 图1-57	干净卫生， 无头发等污物

续表

名称	作用	图示	要求
剪刀 （图1-58）	修剪头发	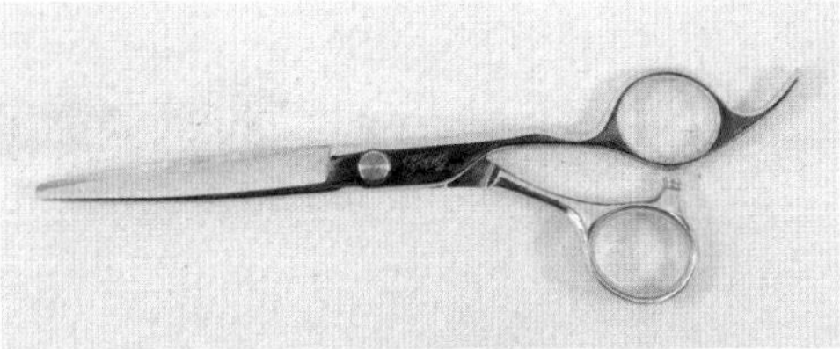 图1-58	干净卫生,锋利
牙剪 （图1-59）	打薄头发	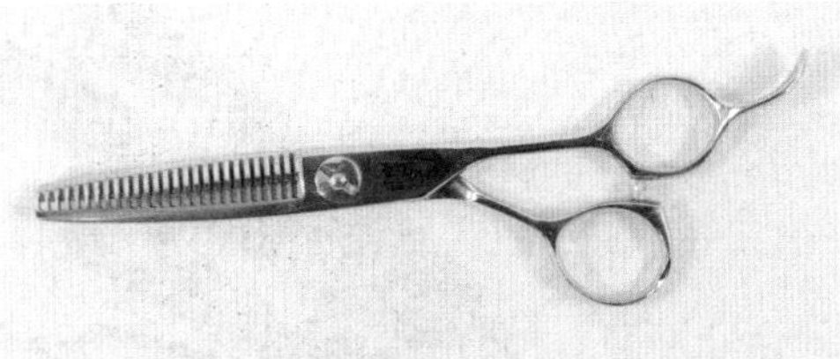 图1-59	干净卫生,锋利
电推子 （图1-60）	推剪头发	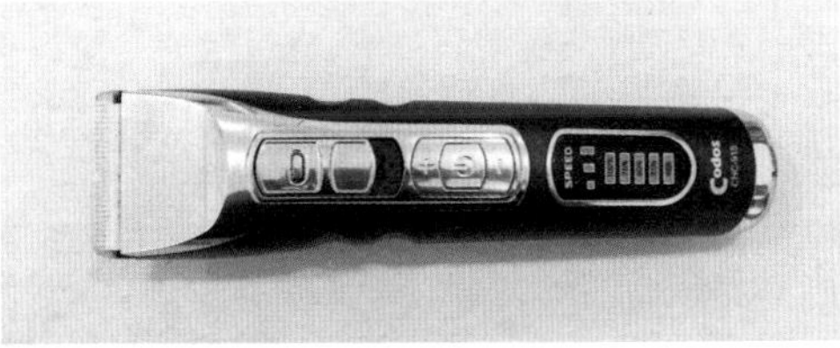 图1-60	干净卫生、锋利
吹风机 （图1-61）	吹干头发、造型	 图1-61	确保正常使用
无声 吹风机 （图1-62）	定型	 图1-62	确保正常使用

名称	作用	图示	要求
电卷棒 (图 1-63)	卷曲头发	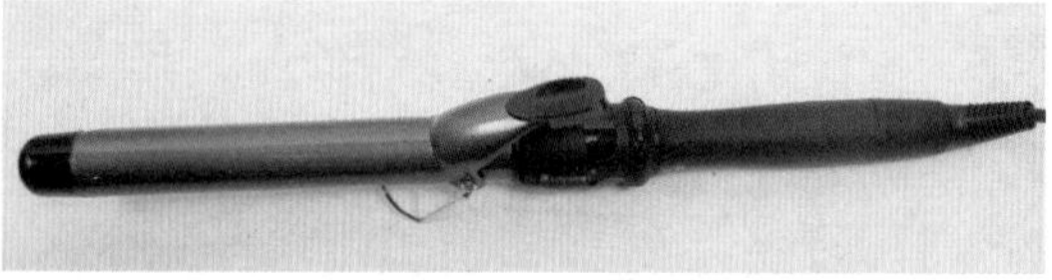 图 1-63	干净,确保正常使用
电夹板 (图 1-64)	夹直头发、 卷曲头发	 图 1-64	干净,确保正常使用
塑料 卷筒 (图 1-65)	卷发	 图 1-65	干净卫生, 无头发等污物
发胶 (图 1-66)	定型	 图 1-66	确保正常使用

续表

名称	作用	图示	要求
发泥 (图 1-67)	造型	 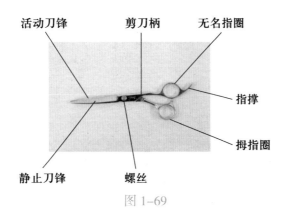 图 1-67	干净卫生， 无头发等污物
工具车 (图 1-68)	摆放工具	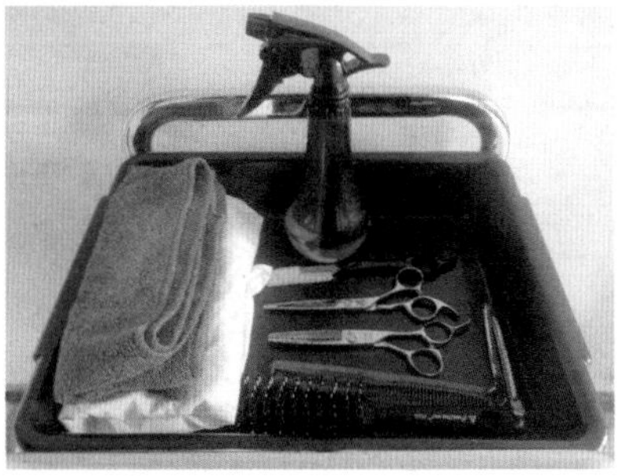 图 1-68	干净卫生

2. 剪刀

（1）剪刀结构（图 1-69）

活动刀锋   剪刀柄   无名指圈

指撑

拇指圈

静止刀锋   螺丝

图 1-69

（2）剪刀基本操作方法（表 1-3、图 1-70 至图 1-75）

表 1-3 剪刀基本操作方法

图示	要求
 图 1-70	把无名指伸入剪刀柄上的指圈，控制住静止刀锋（图 1-70）
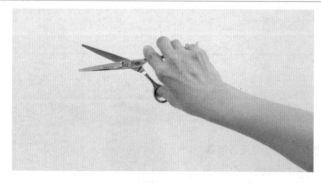 图 1-71	把大拇指的前端伸进拇指圈里，控制住活动刀锋。把食指和中指放在剪刀上面以增强控制力。如果剪刀带有指撑，可将小手指放在指撑上（图 1-71）。 注意：大拇指不要伸进太多，否则会减弱控制力
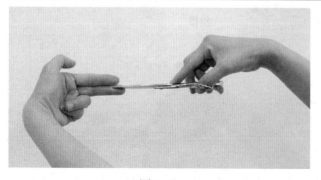 图 1-72	只能通过拇指摆动带动剪柄，其余四指不动（图 1-72）
图 1-73	练习剪切动作时，左手平伸，右手执剪刀，剪刀尖对准左手中指，从指尖向指根方向平行平稳移动，剪切幅度不超过食指的第二关节（图 1-73）

续表

图示	要求
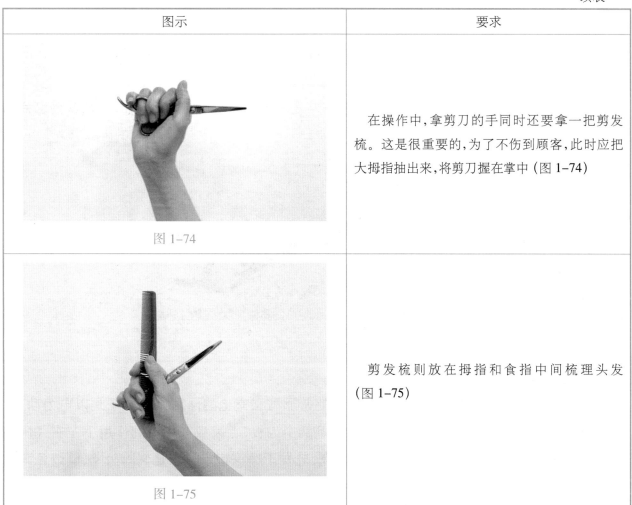 图 1-74	在操作中,拿剪刀的手同时还要拿一把剪发梳。这是很重要的,为了不伤到顾客,此时应把大拇指抽出来,将剪刀握在掌中 (图 1-74)
图 1-75	剪发梳则放在拇指和食指中间梳理头发 (图 1-75)

3. 牙剪 (图 1-76)

牙剪也称打薄剪、锯齿剪,牙剪有多种密度的刀齿,使用时应符合发型的设计要求。宽齿的牙剪去除的发量较多,可以增加头发的断层效果,修剪出的头发长短对比明显,使头发呈现有规律的长短交替,从而使发型有明显的层次感。细齿的牙剪去除发量较少,在发片内可以制造出许多细小的、长短不一的层次结构,可以精确调整发量,制造出轻薄细腻的纹理,使发型层次更加柔和。

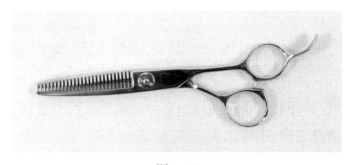

图 1-76

4. 削刀 (图 1-77)

削刀可以配合每个时期的流行趋势剪出不同的造型。削刀修理过的发束,发端从大到小逐渐变细。削刀具有打薄的作用,也可以用于修理层次,造型线条较为柔和,更富于动感。

使用削刀时,头发必须完全浸湿。如果头发是干燥的,削起来会很困难,而且顾客也会感到不舒服。

图 1-77

5. 电推子 (图 1-78)

电推子,也称电轧刀,分为直接连接电源的普通型和充电型两种。电推子是以电为动力,推动齿板进行轧发的工具。电推子前部有上下两个齿板,上齿板在电流的作用下左右飞快地运动,把头发切断,具有齿片薄、速度快、效率高、轧发干净等特点。它是轧断头发、制造色调和层次的主要工具。电推子附着的不同刀片可使发型产生多种不同的效果。

进行推剪时,右手持电推子,左手持梳子,边梳边推。持电推子要平稳有力,左手使用梳子进行配合,使电推子在移动时更加稳定。

图 1-78

6. 吹风机

(1) 吹风机结构 (图 1-79)。风嘴:使风力集中。需要大面积受风或吹干头发时可不安装风嘴。散热孔:吹风机散热位置,不可遮盖,须及时清理干净。

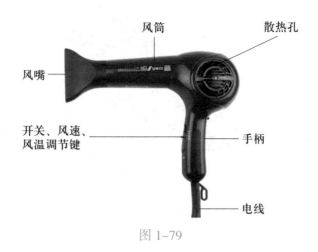

图 1-79

（2）无声吹风机（图 1-80）：噪声小，温度高，风力小，用于平伏发型周围，一般在压边时使用，固定发型。

图 1-80

7. 电夹板（图 1-81）

电夹板主要用于夹直头发或塑造卷曲效果。

电夹板夹直头发技法：调节温度，一般为 140～180℃。一手持夹板，一手拿梳子，将头发梳顺。分出一片发片，将加热板放在需要夹直的发片根部（注意：此时电夹板温度较高，不要接近头皮），向发梢慢慢移动。由于电夹板温度较高，不要在头发上停留过长时间，一般慢速移动，另外夹住头发后，不要原地转动夹板，否则头发会出现压痕，线条不平滑、流畅，可以走直线或大的弧线。

8. 电卷棒（图 1-82）

电卷棒也称电热钳，由炉热式波浪钳演变而成。使用波浪钳做波纹和卷发的技巧是法国人于 1875 年发明的。电卷棒卷发可制造立体卷曲和平面卷曲（波纹）的效果，使直发迅速变为卷发，便于造型。

图 1-81

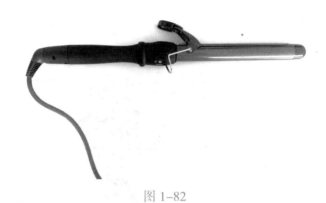

图 1-82

电卷棒是由电热棒、凹槽及把手组成；用电卷棒做发型时，要根据头发的发质来选择温度，细软的头发要比粗硬的头发所用的温度低。

十五、剪吹造型操作要求

见表 1-4。

表 1-4　剪吹造型操作要求

内容	标准		
	优秀	良好	合格
接待服务	1. 服务主动、规范、热情 2. 介绍各种发式特点 3. 准确解答剪吹中经常出现的问题及解决方法 4. 能为顾客提出准确的剪、吹、梳理建议	1. 服务规范、较热情，准确解答顾客问题 2. 能解答剪吹中经常出现的一些常见问题及解决方法 3. 能为顾客介绍吹风、梳理方法建议	1. 服务较规范 2. 介绍发式特点 3. 能为顾客介绍梳理方法

续表

内容	标准		
	优秀	良好	合格
制定计划	能够根据顾客头发特点准确制定修剪造型方案	能够准确理解顾客剪发意图,较准确制定修剪造型方案	能够较准确理解顾客修剪意图,准确填写修剪造型方案
准备工作	1. 工具准备齐全 2. 规范做好各项防护措施	1. 工具准备较齐全 2. 能较规范做好各项防护措施	1. 工具准备基本齐全 2. 能基本规范做好各项防护措施
剪吹过程	1. 根据修剪造型要求准确进行分区、分片 2. 分线清晰、准确	1. 根据修剪造型要求较准确分区、分片 2. 分线较清晰	1. 根据修剪造型要求基本准确分区、分片 2. 分线基本清晰
	提拉角度准确、一致	提拉角度一致,较准确	提拉角度基本准确
	剪切线水平,长短适宜	剪切线水平	剪切线基本水平
	1. 轮廓饱满 2. 发丝光顺 3. 发梢服帖、走向一致	1. 轮廓较饱满 2. 发丝较光顺 3. 发梢服帖、走向较一致	1. 轮廓基本饱满 2. 发丝基本光顺 3. 发梢服帖、走向基本一致
	1. 工具齐全、符合卫生标准 2. 工具使用规范、熟练	1. 工具齐全、较符合卫生标准 2. 工具使用规范	1. 工具齐全、基本符合卫生标准 2. 工具使用基本规范
	1. 操作姿势正确,用品规范使用 2. 准确、及时做好防护措施 3. 工作效率高,顾客满意	1. 操作姿势较正确,用品规范使用 2. 准确做好防护措施 3. 工作效率较高,顾客较满意	1. 操作姿势基本正确,用品基本规范使用 2. 做好防护措施 3. 顾客基本满意
整体效果	长短适宜,边线整齐,层次准确,两侧对称	长短适宜,边线整齐,层次准确,两侧较对称	长短适宜,边线较整齐,层次较准确,两侧较对称

检测与练习

一、知识检测

（一）选择题

1. 三七分头路对准（　　）。

A. 瞳孔中间　　　　　　　　　　　B. 内眼角

C. 外眼角　　　　　　　　　　　　D. 眉峰

2. 发质细软,毛干直径小,含水量较小,弹性差的是（　　）。

A. 沙发　　　　　　　　　　　　　　　　B. 卷发

C. 油发　　　　　　　　　　　　　　　　D. 绵发

3. 成人头发直径粗的为（　　）毫米。

A. 0.08～0.1　　　　　　　　　　　　　B. 0.1～0.3

C. 0.3～0.5　　　　　　　　　　　　　　D. 0.01～0.05

4. 表皮层位于头发最外层,为皮质层与髓质层的保护膜,由（　　）层鳞片状的透明角蛋白包围而成。

A. 2～8　　　　　　　　　　　　　　　　B. 4～10

C. 6～12　　　　　　　　　　　　　　　D. 8～14

5. 渐增发型的提拉角度为（　　）。

A. 0°～30°　　　　　　　　　　　　　　B. 30°～60°

C. 60°～90°　　　　　　　　　　　　　D. 90°～180°

6. （　　）发梢自然垂落时,内外发梢垂落在相同位置,从而形成一个不间断、静止的表面纹理。

A. 零度层次　　　　　　　　　　　　　　B. 低层次

C. 高层次　　　　　　　　　　　　　　　D. 均等层次

7. 面部、颈部及躯干四肢等部位的毫（汗）毛等为（　　）。

A. 硬毛　　　　　　　　　　　　　　　　B. 软毛

C. 长毛　　　　　　　　　　　　　　　　D. 短毛

8. 成人的头发数量一般为（　　）万根。

A. 5万～10　　　　　　　　　　　　　　B. 10万～15

C. 15万～20　　　　　　　　　　　　　D. 20万～25

9. 从中心点经过（　　）至颈背点所形成的线称为中心线。

A. 前顶点、顶点、黄金点、后脑点　　　　　　B. 顶点、前顶点、黄金点、后脑点

C. 前顶点、顶点、后脑点、黄金点　　　　　　D. 前顶点、黄金点、顶点、后脑点

10. 牙剪有一片刀片成锯齿状,故剪切后头发（　　）。

A. 长短一致　　　　　　　　　　　　　　B. 长短不齐

C. 薄厚相间　　　　　　　　　　　　　　D. 虚实相宜

（二）判断题

（　　）1. 良好的行为规范可体现企业文化,不能直接反映美发店的服务质量。

（　　）2. 头发是皮肤的附属物,头发不能离开皮肤而独立存在。

（　　）3. 髓质层位于头发的中心部分,占头发5%～10%,起到支撑头发的作用。

（　　）4. 肤色深的人毛发颜色深,皮肤浅的人毛发颜色就浅。

（　　）5. 皮质层是头发的主要组成部分,约占头发的90%。

（　　）6. 自然卷发（自来卷）含水量少，油脂也少，头发自然卷曲。

（　　）7. 基准线包括中心线、侧中心线、U 形线、两耳水平线、发际线。

（　　）8. 修剪时头的位置不影响修剪效果。

（　　）9. 每个人的头发性质和生长流向都不一样。

（　　）10. 风嘴使风力集中，需要大面积受风或吹干头发时可不安装风嘴。

二、练习（图 1-83 至图 1-85）

1. 练习画头形图。

2. 请在图上练习找点位。

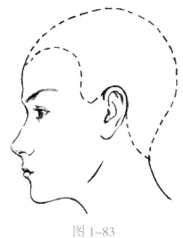

图 1-83

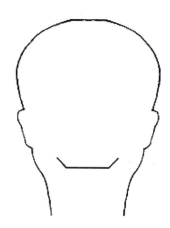

图 1-84

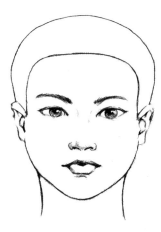

图 1-85

项目二　零度层次发式剪吹造型

图 2-1

图 2-2

图 2-3

　　本项目主要通过完成零度层次长发、零度层次中长发、零度层次短发三个发式剪吹造型典型任务（图 2-1 至图 2-3），学习剪发吹风基础知识、工具运用、梳压断剪、梳刷、拉刷等发式修剪和吹风造型技法；塑造边线整齐、表面纹理平滑、充分体现头发质感、垂感、量感效果的发型。通过对这三个任务的学习，同学们应掌握发式剪吹造型的工作流程和零度层次发式剪吹造型的质量标准。

项目目标

◎ 能理解顾客意图,制定比较准确的剪吹造型方案

◎ 能准确选择、规范使用修剪和吹风造型工具

◎ 掌握梳压断剪技法,按照零度层次发式修剪操作程序,能正确运用剪刀等修剪工具完成零度层次发式修剪操作

◎ 掌握梳刷、拉刷吹风技法,能正确运用排骨刷、九行刷、吹风机等吹风造型工具完成零度层次发式直发吹风造型操作

◎ 能较准确地对修剪造型方法、发型效果进行分析,基本具有自我评价和审美能力

◎ 能使用礼貌用语、规范的姿态及专业知识为客人进行服务

◎ 保持工作环境干净整洁

工作要求 （表2-1）

表2-1　工作要求表

内容	要求
准备工作	1. 修剪造型方案合理 2. 工具与用品齐全、卫生 3. 防护措施到位
操作	1. 工具选择正确、运用规范 2. 分区、分线准确清晰,提拉角度准确 3. 操作程序正确 4. 能规范且熟练地运用修剪、吹风操作技术和技巧 5. 手法得当,力度、角度、吹风机温度适宜 6. 规范服务、适时沟通
操作结束	1. 工具、用品归位,摆放整齐 2. 工作环境干净整洁
效果	1. 层次准确,轮廓饱满,蓬松适度,发丝光顺,线条流畅,纹理清晰,发梢服帖、走向一致 2. 发型美观、顾客满意

工作流程

1. 确定修剪造型方案
2. 准备工作：按要求准备工具用品、为顾客做好防护措施
3. 修剪造型操作：分发区→确定长度→单区修剪→单区检查调整→逐区修剪检查→吹风造型→检查调整→定型
4. 结束工作：整理清洁工具用品，保持工作区域干净整洁

任务一　零度层次长发剪吹造型

今天我们接待一位中年长发女士，她觉得自己头发凌乱，平时不好梳理，希望头发垂顺，方便整理。根据顾客要求，美发师决定为其塑造一款体现头发质感和垂落感效果的零度层次方形发式（图2-4、图2-5）。

零度层次
长发

图2-4

图2-5

学习目标

◎ 掌握零度层次发式的特点和修剪、造型基本知识

◎ 能为顾客进行规范服务，保护好顾客衣物

◎ 准确制定修剪、造型方案

◎ 规范安全运用修剪、吹风工具

◎ 正确掌握提拉角度
◎ 能准确控制头发拉力
◎ 按照规范的零度层次发式修剪、造型操
作流程,运用梳压断剪、拉刷、梳刷法完

◎ 成方形直发修剪造型任务
◎ 能按质量标准准确分析发型效果
◎ 保持个人仪表、环境干净整洁

知识技能准备

一、零度层次方形发式特点

保持头部正直、头发自然下垂状态时,内外层头发发梢垂落在同一水平面上,形成一个不间断的、静止的表面纹理 (图 2-6、图 2-7)。

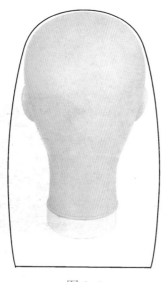

图 2-6

图 2-7

二、基本剪法

梳压断剪法
用梳子将头发梳理到需要剪断的位置停住后,用剪刀将头发剪断 (图 2-8)。

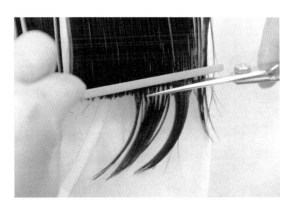

图 2-8

三、吹风机、电夹板使用技法

1. 梳刷法

一手用排骨刷、九行刷等工具将头发梳顺,另一手拿吹风机配合吹风,将风吹在受力的头发上。目的是吹顺发丝、使发根蓬松 (图 2-9)。

2. 拉刷法

分出一片头发,将发刷齿部面向头皮插入发片内部,边翻转刷子使发丝嵌入刷齿里,边用吹风机配合给风,并一直向下移动至发梢 (图 2-10 至图 2-12)。

吹风效果与发片提拉角度:根据不同的吹风效果,发刷可以采用不同的提拉角度,角度越大,头发弧度越大 (图 2-13 至图 2-21)。

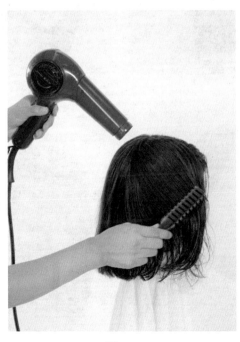

图 2-9

图 2-10

图 2-11

图 2-12

图 2-13

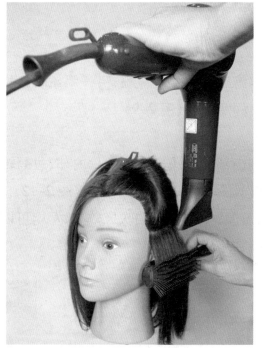

图 2-14

图 2-15

图 2-16

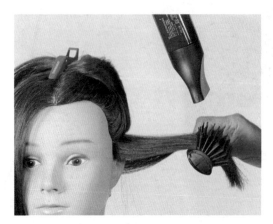

图 2-17

图 2-18

图 2-19

图 2-20

图 2-21

提示

吹风机风口方向要朝向发梢方向,否则头发会散乱,造成发丝不光顺。

吹风机送风角度基本与头皮平行,防止热风烫伤头皮,热风温度较高,不要在头发上停留时间过长,否则易造成头发受损,甚至烧焦。

3. 电夹板夹直头发技法

调节温度,一般为 140~180℃,预热夹板;一手持夹板,一手拿梳子;分出一片发片,将头发梳顺;将加热板放在需要夹直的头发根部夹住头发(注意:此时电夹板温度较高,不要接近头皮),向发梢慢慢移动(图 2-22、图 2-23)。

图 2-22

图 2-23

提示

由于电夹板温度较高,不要在头发上停留时间过长,一般慢速移动。另外夹住头发后,不要原地转动夹板,否则头发会出现压痕,线条不平滑不流畅,可以走直线或大的弧线。

四、修剪造型注意事项

1. 要使发梢垂落在同一条线上,保证零度层次效果,操作时要保持顾客的头位端正,不能向前、后、左、右倾斜。

2. 提拉角度应保持自然垂落方向。

3. 修剪头发时拉力尽量保持均匀一致。

4. 开始操作之前,应先掌握剪吹工具的运用,以便精确地剪吹头发。

5. 操作中随时掸干净顾客脖颈处、脸上的碎发,观察顾客感受,及时调整操作。

6. 掌握好吹风机送风角度及温度,防止烫伤顾客头皮、损伤头发。

7. 工具用后清洗干净,定期消毒。剪刀用专用擦拭布(皮)擦拭干净,进行保养,吹风机散热孔保持干净。

任 务 实 施

一、咨询交流,确定修剪造型方案

1. 与顾客沟通,了解顾客需求。请顾客坐好,询问顾客需求和想法,同时观察顾客脸形、着装、发质、气质等特点。

2. 根据顾客需求、发质特点、脸形等条件提出建议,与顾客达成一致意见,从而确定修剪造型方案(表2-2)。

表2-2　零度层次方形长发剪吹造型方案

日期:　　　　　　　美发师:

顾客姓名		
顾客 基本情况	性别:男□　　　女□	
	年龄段:儿童□　　青年□　　中年□　　老年□	

顾客 基本情况	头发长度：长□　　中长□　　短□	
	发量：多□　　适中□　　少□	
	发质：硬□　　正常□　　软□　　沙发□　　卷发□	
	头发状态：直发□　　卷发□	
	脸形：椭圆形□　　圆形□　　方形□　　长形□　　菱形□　　三角形□　　倒三角形□	
	其他：	
顾客需求		
剪吹计划	边线	
	层次	
	轮廓	
工具用品		
剪发描述	文字说明	图示
		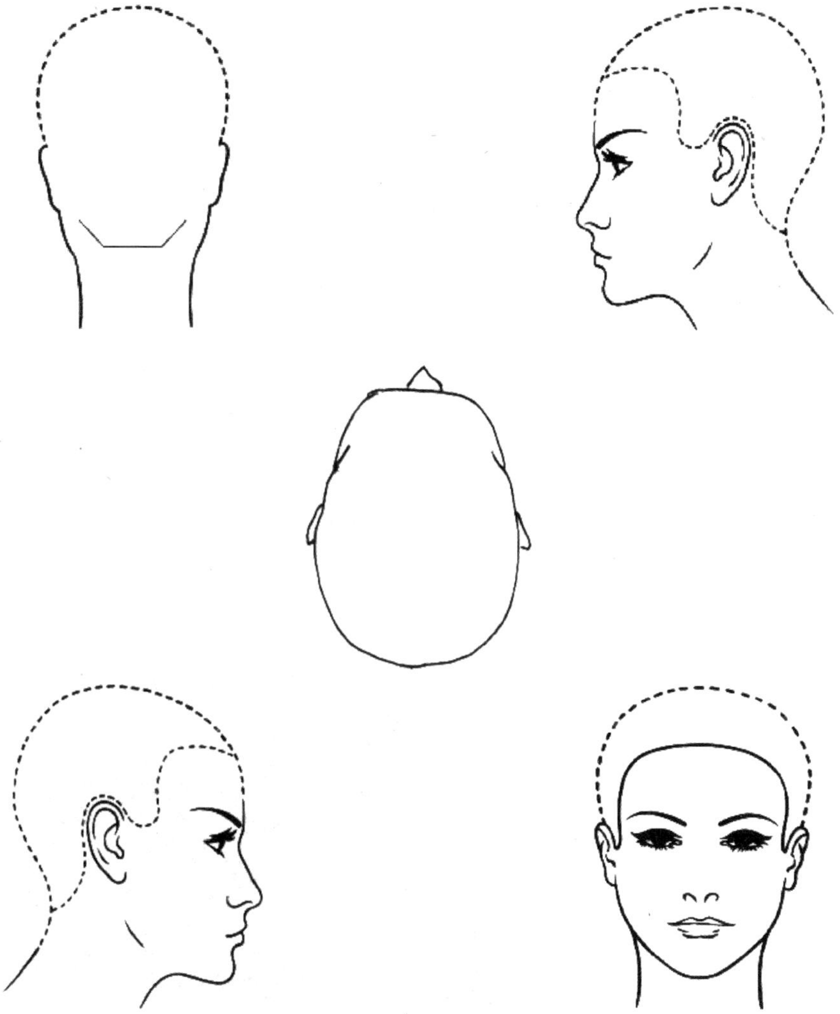

服务语言参考

美发师:"您好,今天想剪一个什么样的发型?"

顾客:"头发太长了,也没什么型了,想剪短一点,齐一些,平时好打理的。"

美发师:"好的,我觉得您的头发发量适中,发质很好,而且您身材高挑,给人感觉文静端庄,我建议您剪一款齐整的长发,既好打理,又能凸显您的气质,而且今年非常流行,您看怎么样(此时可以为顾客画一张简图或者找一个类似的发型图片作为参考)?"

请根据表 2-3 检查自己的工作。

表 2-3　技能检测表

要求	评价	
	是	否
服务中面带微笑	☐	☐
动作规范	☐	☐
使用礼貌、专业用语	☐	☐
修剪造型方案确定准确	☐	☐

二、准备工作

1. 工具用品准备

准备剪刀、疏密梳、夹子、喷壶、毛巾、吹风机、夹板、排骨刷、九行刷、掸刷或掸碎发用的海绵块、发胶等工具用品,放在工具车上,并推到工作位置边。初步练习时一般使用教习发代替真发,将教习发固定在合适的位置上(图 2-24)。

图 2-24

2. 服务准备

（1）洗发（若顾客头发刚刚洗过，非常洁净的情况下，可喷湿头发）。

（2）请顾客舒适地坐好，围好修剪围布，做好保护措施。询问松紧是否合适，并进行调整（图2-25）。

服务语言参考

"您觉得围布松紧合适吗？"

（3）用毛巾擦去头发中的多余水分（图2-26）。

（4）用宽齿梳将头发向后梳理通顺（图2-27）。

请根据表2-4检查自己的工作。

图2-25

图2-26

图2-27

表 2-4　技能检测表

要求	评价	
	是	否
头发干湿程度一致,不滴水	☐	☐
发际线以外没有水迹	☐	☐
顾客衣服用毛巾、围布保护好	☐	☐
围布松紧适度	☐	☐
梳理头发力度适中,不拉扯头发,顾客感觉舒适	☐	☐

三、剪吹操作

1. 分发区

用正中线将头发分为左右两个对称的发区（图 2-28 至图 2-30）。

根据表 2-5 检查自己的工作。

图 2-28

图 2-29

图 2-30

表 2-5 技能检测表

要求	评价	
	是	否
发区对称	☐	☐
分线清晰	☐	☐
工具使用正确	☐	☐

2. 确定长度,修剪引导线

(1) 分发片:用疏密梳从后发际线水平分出 1 厘米厚的发片 (图 2-31 至图 2-34)。

(2) 修剪引导线:用宽齿梳把头发梳成自然下垂。右手持剪采用梳压断剪方法水平从中间向一侧剪,再从另一侧向中间剪 (图 2-35 至图 2-37)。形成"一"字线边线效果 (图 2-38)。

图 2-31

图 2-32

图 2-33

图 2-34

图 2-35

图 2-36

图 2-37

图 2-38

提示

由于发片较宽,可分多次修剪;保持头发自然垂落方向提拉,将拉力降至最低。

（3）检查：向下自然梳理，观察头发边线效果、两侧是否对称；还可以在两侧相同位置同时向中间拉出一小束头发进行比对（图 2-39）。

图 2-39

请根据表 2-6 检查自己的工作。

表 2-6　技能检测表

要求	评价	
	是	否
分线清晰	☐	☐
发片厚度 1 厘米	☐	☐
头发拉力适度、一致	☐	☐
提拉角度为 0°	☐	☐
剪切线水平	☐	☐
内外层头发发梢垂落在同一条直线上	☐	☐
两侧对称	☐	☐
工具使用正确、熟练	☐	☐

3. 分片修剪至两耳水平线位置

水平分出第二片发片，按头发自然垂落方向梳理，长度与引导线相等，剪切线与引导线一致，进行修剪。依次剪至两耳水平线（图 2-40 至图 2-43）。

请根据表 2-7 检查自己的工作。

图 2-40

图 2-41

图 2-42

图 2-43

表 2-7 技能检测表

要求	评价	
	是	否
分线清晰、水平	☐	☐
发片厚度 1 厘米	☐	☐
头发拉力适度、一致	☐	☐
提拉角度准确	☐	☐
内外层头发发梢垂落在同一条直线上	☐	☐
工具使用正确、熟练	☐	☐

4. 修剪耳上头发

水平分片,在耳尖上方用剪子轻轻压发根,然后水平剪切(图 2-44 至图 2-49)。目的是放长此处的头发,使边线呈"一"字线。

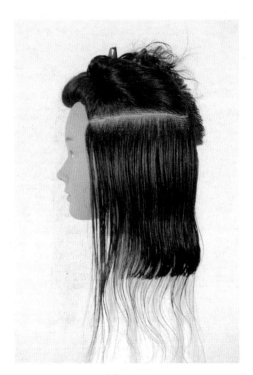

图 2-44

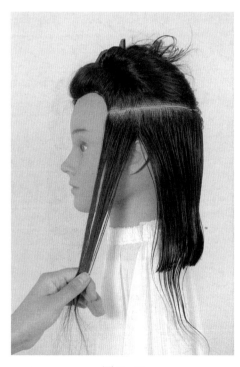

图 2-45

图 2-46

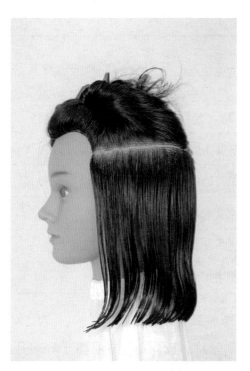

图 2-47

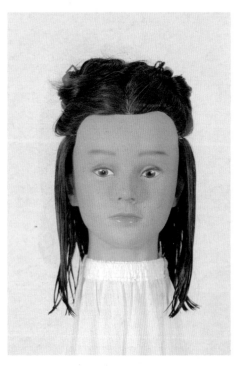

图 2-48

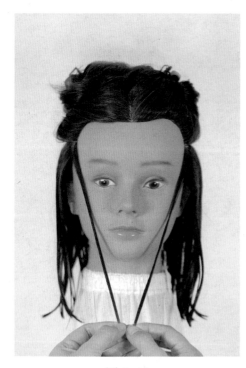

图 2-49

提示

在修剪耳上头发时，必须考虑凸起的耳朵，此处头发要多留出一定的长度，保证边线整齐。

请根据表2-8检查自己的工作。

表2-8　技能检测表

要求	评价	
	是	否
发梢落点在同一水平面上	☐	☐
两侧对称	☐	☐

5. 继续修剪

分片修剪剩余各片头发至最后一片（表面层），按头发自然走向向下梳理头发，按修剪完的头发长度为准剪齐。

提示

前发从侧发际线向下梳（图2-50至图2-52）。左右两侧用同样方法修剪，保证两侧对称。

6. 检查

将头发按设计要求梳理，检查边线、发梢垂落位置（图2-53至图2-55）。

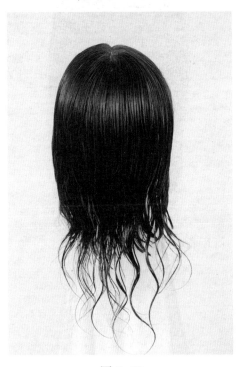

图2-50

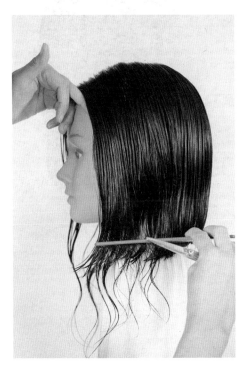

图2-51

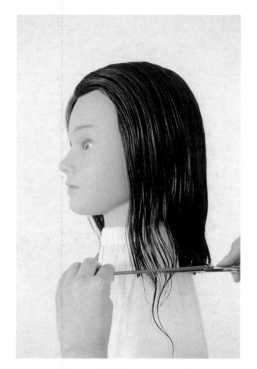

图 2-52

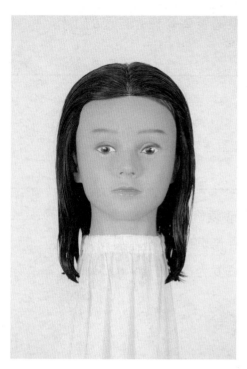

图 2-53

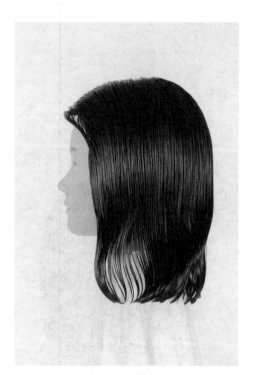

图 2-54

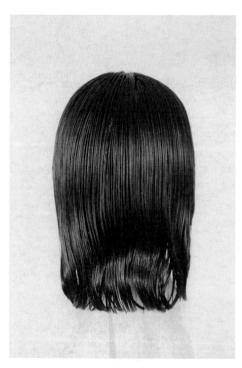

图 2-55

请根据表 2-9 检查自己的工作。

表 2-9　技能检测表

要求	评价	
	是	否
发梢落点在同一个平面上	☐	☐
两侧对称	☐	☐

7. 吹干多余水分

先用手与吹风机配合,边抖松头发边将头发中过多的水分吹干,也可用手提起头发,使发根受风,吹至头发半干。可以用吹风机最大的风力进行吹风 (图 2-56、2-57)。

8. 吹顺发丝

用排骨刷与吹风机配合,向前分片梳吹头发,使发丝光顺、发根蓬松 (图 2-58)。

图 2-56

图 2-57

图 2-58

提示

　　吹风时不要在发根处停留过长时间,否则会使发根向前定型,发丝无法自然向下垂落,从而影响发型效果。

　　请根据表 2-10 检查自己的工作。

表 2-10　技能检测表

要求	评价	
	是	否
头发吹至八成干,无绺状	☐	☐
没有改变发根的自然方向	☐	☐
全头干湿程度一致	☐	☐

　　9. 运用拉刷法由下至上分片吹风 (图 2-59 至图 2-61)。

图 2-59

图 2-60

图 2-61

请根据表 2-11 检查自己的工作。

表 2-11　技能检测表

要求	评价	
	是	否
头发轮廓饱满、弧度一致	☐	☐
发丝光顺	☐	☐
发梢内弧走向一致	☐	☐

10. 吹顶部发区

加大发片提拉角度，使轮廓圆润饱满（图 2-62 至图 2-64）。

图 2-62

图 2-63

图 2-64

请根据表 2-12 检查自己的工作。

表 2-12 技能检测表

要求	评价	
	是	否
发型轮廓饱满	☐	☐
发丝光顺	☐	☐
发梢内弧走向一致	☐	☐

11. 电夹板夹直头发

在吹风造型后也可以用电夹板将头发夹直,凸显顺直光亮的效果 (图 2-65、图 2-66)。

图 2-65

图 2-66

请根据表 2-13 检查自己的工作。

表 2-13 技能检测表

要求	评价	
	是	否
发型轮廓饱满	☐	☐
发丝光顺、无棱角	☐	☐
头发不焦、不毛	☐	☐

12. 精修

用剪刀尖端小心地剪去长出边线的头发（图2-67）。

图 2-67

请根据表 2-14 检查自己的工作。

表 2-14　技能检测表

要求	评价	
	是	否
头发边线呈"一"字线	☐	☐
内外头发发梢垂落在同一水平面上	☐	☐
两侧对称	☐	☐
发丝光顺	☐	☐
发梢内弧走向一致	☐	☐
轮廓饱满	☐	☐

13. 完成后的造型效果

见图 2-68 至图 2-70。

图 2-68

图 2-69

图 2-70

服务语言参考

"剪好了,您满意吗?"

"您辛苦了"

"您这边请。"

"欢迎再次光临。"

请根据表 2-15 检查自己的工作。

表 2-15　技能检测表

要求	评价	
	是	否
顾客颈部、脸上无碎发	☐	☐
摘围布毛巾动作规范	☐	☐
虚心听取顾客意见	☐	☐
热情服务,欢迎顾客再次光临	☐	☐

四、整理工作

顾客离开后,按要求迅速整理工具用品和工作环境,保持工具用品干净、工作环境整洁,将美发椅上的头发掸干净,为下一次服务做好准备。

请根据表 2-16 检查自己的工作。

表 2-16　技能检测表

要求	评价	
	是	否
工具物品干净归位	☐	☐
工作区域干净	☐	☐

任 务 检 测

请针对评价标准 (表 2-17) 仔细检查每一个内容,合格项打"√"。

表 2-17　任务评价表

项目	标准	评价	存在的问题、解决的方法及途径
个人仪表	1. 干净、整洁 2. 符合企业要求	☐ ☐	
服务规范	1. 使用礼貌专业用语 2. 服务热情、周到、规范 3. 保证工作环境干净整洁	☐ ☐ ☐	
制订方案	方案准确	☐	
工具用品	1. 齐全 2. 干净	☐ ☐	
效果	1. 长短适宜 2. 边线水平 3. 发梢垂落在同一水平面上 4. 两侧对称 5. 发丝光顺 6. 发梢服帖，走向一致 7. 轮廓饱满	☐ ☐ ☐ ☐ ☐ ☐ ☐	
评定等级	优秀☐ 良好☐ 达标☐ 未达标☐		

任 务 小 结

　　此任务操作时采用两分区、自然垂落提拉、梳压断剪方法完成，修剪时顾客头部保持正直，每一片头发拉力尽量保持为零，以减少头发张力，剪切线与地面平行，剪后形成零度层次、方形的发型；吹风时发丝光顺，发梢走向内弧、轮廓饱满。

知 识 链 接

一、美发剪刀的保养

1. 在柔软的棉布或棉纸上喷上足量的防锈油或机油（可在购买推子和剪刀的店铺购买），

用棉布或绵纸将附着在剪刀表层的不洁物质擦拭干净。

2. 将防锈油滴入剪刀的压力螺钉缝处,使其渗入螺钉缝内,以增加剪刀开合时的顺畅感。

3. 将剪刀上多余的防锈油用擦拭布(皮)或卫生纸轻轻擦拭干净。

注意

不要让刀锋口与手指成 90° 或接近 90°,否则很容易割到手指。保养用的留在剪刀上的防锈油应适量,剪刀上留有薄薄一层即可。太少则无法保护剪刀,太多则容易造成毛发黏附在刀槽(刀腹)内。

4. 牙剪在刚开始用时,不要把螺钉调节得太松以免卡齿。可以适当调紧,几天后再慢慢松开。

5. 尽量不要用美发剪修剪没有清洗过的头发。头发上的灰尘会使剪刀较快地被磨损。

6. 不要把剪刀交给不了解的维修师维修,以免损坏。

7. 美发剪不要修剪头发以外的其他东西,以免卷刃。

二、工具清洁消毒

1. 剪刀

用 70% 的乙醇擦拭干净,然后放入消毒柜中。

2. 梳子

先用洗涤剂清洗,再放入消毒柜中,或是直接在消毒液中浸泡 10 分钟以上。

3. 吹风机

表面用软布擦拭干净,过滤网定期用软毛刷清理,保证干净。

三、努力做成功的发型师

美发师工作时必须讲求效率与完美。对于每一位顾客,我们都应该在最短的时间内做最好的服务。要做到这一点,除了要具备纯熟的技术外,养成积极正确的工作态度,不断培养自己良好的行为习惯非常重要。

可以为自己制定一个改善计划,并请身边的人监督检查。例如:

1. 我要养成的习惯

(1)早上工作前检查自己的仪表。

（2）工作之前让自己变得愉快且充满干劲。

（3）常欣赏并赞美别人的长处。

（4）工作时把握好时间、不拖拖拉拉。

（5）不说消极的话。

（6）不把负面情绪带到工作中。

（7）工作之余注重学习。

（8）坚持锻炼，保持健康的体魄。

2. 我的行动

（1）每周花三个小时以上阅读流行资讯、专业杂志、书籍，做好摘录。

（2）每天花半小时反思当天的工作。

（3）经常与其他设计师讨论技术问题。

（4）认识自己的顾客群。

（5）进一步学习店内的管理制度。

（6）每天保证半小时锻炼身体。

计划制定后，要持之以恒地坚持，成功的发型师不是天生的，而是要经过许多磨炼和考验的，只有坚持到最后的发型师，才能赢得成功。

检测与练习

一、知识检测

（一）选择题

1. 零度层次发式表面纹理是（　　　）纹理。

A. 不平滑的　　　　　　　　　　　　　　B. 不间断的、平滑的

C. 不平滑、呈密集而均匀分布　　　　　　D. 平滑和不平滑两种

2. 零度层次发式修剪时，头发提拉方法是（　　　）。

A. 头发自然垂落　　　　　　　　　　　　B. 发根与头皮成 15°

C. 发根与头皮成 45°　　　　　　　　　　D. 发根与头皮成 90°

3. 吹风时风口方向向（　　　），使发丝光顺。

A. 发干　　　　　　　　　　　　　　　　B. 头皮

C. 发梢　　　　　　　　　　　　　　　　D. 发根

4. 顾客离开后，按要求迅速（　　　），为服务下一位顾客打好基础。

A. 整理工具用品　　　　　　　　　　　　B. 休息

C. 核对业绩　　　　　　　　　　　　　　D. 整理工具用品和工作环境

5. 梳子消毒时,先用洗涤剂清洗,再放入消毒柜中,或是直接浸入消毒液中浸泡(　　)分钟以上。

A. 5　　　　　　　　B. 10　　　　　　　　C. 15　　　　　　　　D. 30

(二) 判断题

(　　) 1. 同位垂落指头发落在同一位置。

(　　) 2. 在修剪耳上头发时,必须考虑凸起的耳朵,此处头发要多留出一定的长度,保证边线整齐。

(　　) 3. 剪子等工具不用经常消毒。

(　　) 4. 只要基本功好,不用花时间阅读流行资讯、专业杂志、书籍。

(　　) 5. 认识自己的顾客群非常重要。

二、练习

1. 根据本任务在图 2-71 中画出正确位置。

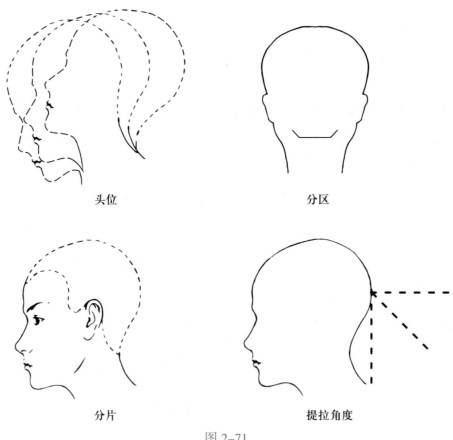

头位　　　　　　　　　　　　　　分区

分片　　　　　　　　　　　　　　提拉角度

图 2-71

2. 在教习头上练习划分发片线。

3. 每天练习剪子使用 30 分钟。

4. 每天练习排骨刷转动 30 分钟。

5. 练习准确提拉发片,逐渐提高控制力。

任务二 零度层次中长发剪吹造型

今天我们接待一位中长发女顾客,她希望改变一下自己的形象,体现头发质感,方便梳理,同时又不失时尚、干练。根据顾客要求,美发师决定为顾客塑造一款零度层次三角形发式(图2-72、图2-73)。

零度层次
中长发

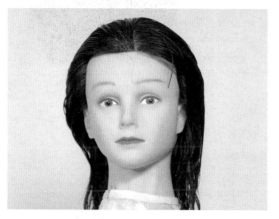

图2-72

图2-73

学习目标

◎ 掌握零度层次三角形发式的特点和修剪、造型基本知识

◎ 能为顾客进行规范服务,保护好顾客衣物

◎ 准确制定修剪、造型方案

◎ 规范安全运用修剪、吹风工具

◎ 正确掌握提拉角度

◎ 能准确控制头发拉力

◎ 按照规范的零度层次发式修剪、造型操作流程,运用梳压断剪、梳刷、拉刷方法完成三角形发式修剪造型任务

◎ 能按质量标准准确分析发型效果

◎ 保持个人仪表,环境干净整洁

知识技能准备

一、零度层次三角形发式特点

1. 边线为前长后短的三角形

修剪后,头发发梢垂落在同一条"ᐱ"形线上,形成前长后短的"ᐱ"形外形线(图2-74、图2-75)。

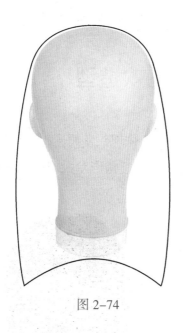

图 2-74

图 2-75

2. 修剪中头发的分片

见图 2-76。

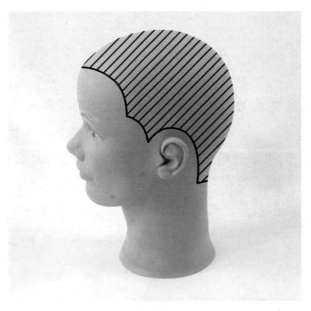

斜向前

图 2-76

二、前发偏分吹风技法

（1）排骨刷从发片外侧梳进头发（图 2-77）。

（2）发刷向前推并挑起头发（图 2-78）。

（3）吹风机从外侧送风，发刷逐渐向上拉起头发（图 2-79、图 2-80）。

图 2-77

图 2-78

图 2-79

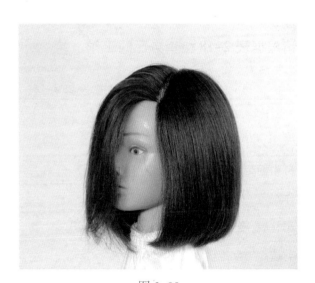

图 2-80

三、修剪造型注意事项

1. 要使发梢垂落点准确,保证零度层次效果,修剪操作时要请顾客保持头位端正,不要向前、后、左、右倾斜。

2. 头发提拉角度应保持自然垂落方向。

3. 修剪头发时拉力尽量保持均匀一致。

4. 修剪时要注意分线向前倾斜,两侧对称。剪切线与分线平行。

5. 开始操作之前,应先掌握剪吹工具的运用,否则不能精确地剪吹头发。

6. 操作中随时掸干净顾客脖颈处、脸上的碎发,观察顾客感受,及时调整工作。

7. 掌握好吹风机送风角度及温度,防止烫伤顾客头皮、损伤头发。

8. 工具用后清洗干净,定期消毒。剪刀用专用擦拭布(皮)擦拭干净,进行保养。吹风机散热孔要保持干净。

任 务 实 施

一、咨询交流,确定修剪造型方案

1. 与顾客沟通,了解顾客需求。请顾客坐好,询问顾客需求,同时观察顾客脸形、着装、发质、气质等特点。

2. 根据顾客需求、发质特点、脸形等条件提出建议,与顾客达成一致意见,从而确定修剪造型方案。

请根据表 2-18 检查自己的工作。

表 2-18   技能检测表

要求	评价	
	是	否
服务中面带微笑	☐	☐
动作规范	☐	☐
使用礼貌、专业用语	☐	☐
修剪造型方案准确	☐	☐

二、准备工作

1. 工具用品准备

准备剪刀、疏密梳、夹子、喷壶、毛巾、吹风机、排骨刷、九行刷、掸刷、发胶等工具用品,放在工具车上,并推到工作位置边。初步练习时一般使用教习发代替顾客,将教习发固定在合适的位置上(图2-81)。

图2-81

2. 服务准备

(1)洗发。

(2)请顾客舒适地坐好,围好修剪围布,做好保护措施。询问顾客围布松紧是否合适,并进行适当的调整。

(3)用毛巾擦去头发多余水分。

(4)用宽齿梳将头发向后梳理通顺。

请根据表2-19检查自己的工作。

表2-19 技能检测表

要求	评价	
	是	否
头发无多余水分,全发干湿程度一致,不滴水	☐	☐
发际线以外没有水迹	☐	☐
顾客衣服用毛巾、围布保护好	☐	☐
围布松紧适度	☐	☐
梳理头发力度适中,不拉扯头发,顾客感觉舒适	☐	☐

三、剪吹操作

1. 分发区

用正中线将头发分为左右两个对称的发区(图2-82)。

图 2-82

请根据表 2-20 检查自己的工作。

表 2-20 技能检测表

要求	评价	
	是	否
发区对称	☐	☐
分线清晰	☐	☐
工具使用正确	☐	☐

2. 确定长度,修剪引导线

(1) 分发片:用疏密梳从后发际线向前倾斜 30°分出一片 1 厘米厚的发片 (图 2-83)。

图 2-83

(2) 修剪引导线:用梳子将头发梳理通顺,头发自然下垂。疏密梳与分线平行,右手持剪,采用梳压断剪方法从中间向左侧修剪,剪后边线与分线平行 (图 2-84、图 2-85)。

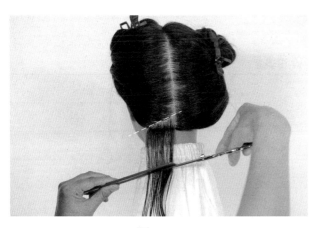

图 2-84

图 2-85

提示

由于发片较宽,梳子要控制好发片;保证头发自然垂落方向提拉;拉力降至最小。剪切线与分线平行。

修剪另一侧:与左侧对称分出发片,剪刀从右向中间剪切 (图 2-86、图 2-87)。

图 2-86

图 2-87

提示

疏密梳与分线平行,注意两侧对称。

(3) 检查:向下梳理,观察头发边线效果,将两侧相同位置的一小束头发同时向中间拉出进行比对,检查是否对称。

请根据表2-21检查自己的工作。

表 2-21 技能检测表

要求	评价	
	是	否
分线清晰	☐	☐
提拉角度为0°	☐	☐
剪切线与分线平行	☐	☐
两侧对称	☐	☐

3. 继续修剪

与第一片分线平行分出第二片头发,按头发自然垂落方向梳理、与引导线长度一致进行修剪(图2-88至图2-91)。

4. 检查

剪好后将头发梳理通顺,检查边线效果。将两侧头发拉起进行比对,检查两侧是否对称(图2-92、图2-93)。

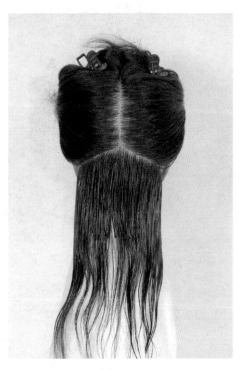

图 2-88

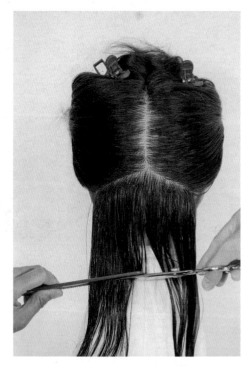

图 2-89

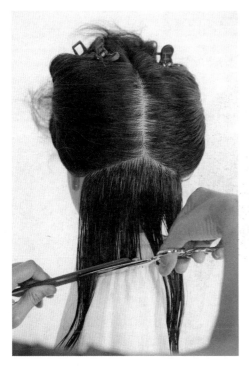

图 2-90

图 2-91

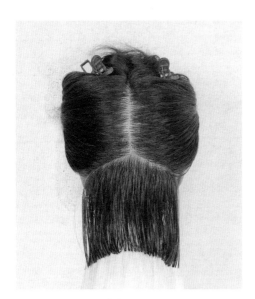

图 2-92

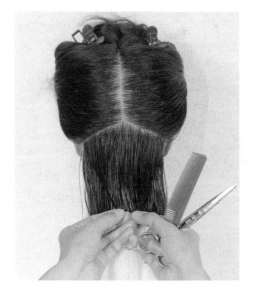

图 2-93

5. 依次剪至两耳尖

依次分片修剪至两耳尖位置，并进行检查（图 2-94 至图 2-96）。

图 2-94

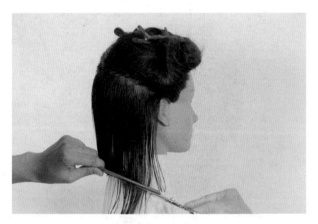

图 2-95

图 2-96

提示

　　每一片发片剪完后都要进行认真检查,如果出现问题,会影响下一片的修剪甚至影响整个修剪效果。

　　请根据表 2-22 检查自己的工作。

表 2-22 技能检测表

要求	评价	
	是	否
分线清晰、角度准确	☐	☐
发片厚度 1 厘米	☐	☐
头发拉力适度、一致	☐	☐
提拉角度准确	☐	☐
剪切线与分线平行	☐	☐
两侧对称	☐	☐
发梢垂落点准确	☐	☐

6. 修剪耳上头发

平行分片,在耳尖上方用剪子轻压发根,然后与分线平行剪切。(图 2-97 至图 2-99) 并进行检查。

图 2-97

图 2-98

图 2-99

提示

必须考虑凸起的耳朵,此处头发要多留出一定的长度。

根据表 2-23 检查自己的工作。

表 2-23　技能检测表

要求	评价	
	是	否
头发边线齐	☐	☐
两侧对称	☐	☐

7. 修剪至最后一片头发

分片修剪各片头发至最后一片（表面层）,按头发自然走向向下梳理头发,并以修剪完的头发长度为准剪齐。

提示

前发从侧发际线向下梳（图 2-100、图 2-101）。

8. 同样方法修剪另一侧,两侧对称 (图 2-102)。

9. 检查

将头发按设计要求梳理,检查边线、发梢垂落位置 (图 2-103 至图 2-106)。

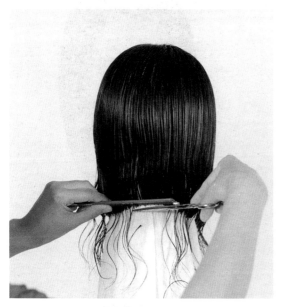

图 2-100

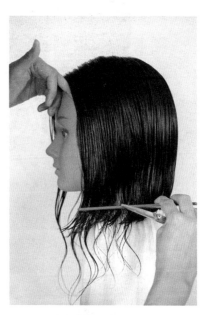

图 2-101

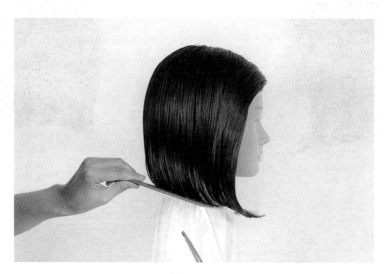

图 2-102

图 2-103

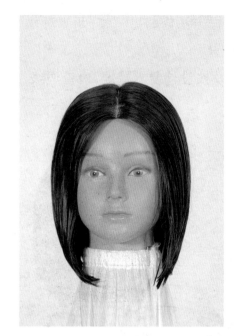

图 2-104

图 2-105

图 2-106

请根据表 2-24 检查自己的工作。

表 2-24   技能检测表

要求	评价	
	是	否
头发边线呈"⌒"形	☐	☐
内外头发发梢落点在同一个平面上	☐	☐
两侧对称	☐	☐

10. 将头发吹至八成干

先用手与吹风机配合,将头发中多余的水分吹干,然后用梳吹法继续将头发吹至八成干,使发根蓬松 (图 2-107)。

图 2-107

请根据表 2-25 检查自己的工作。

表 2-25 技能检测表

要求	评价	
	是	否
头发吹至八成干,无绺状	☐	☐
没有改变发根的自然方向	☐	☐
全头干湿程度一致	☐	☐

11. 分片吹完全头 (图 2-108)。

图 2-108

12. 分头路

前发可采用中分,也可采用偏分的头路(图 2-109 至图 2-112)。

图 2-109

图 2-110

图 2-111

图 2-112

请根据表 2-26 检查自己的工作。

表 2-26 技能检测表

要求	评价	
	是	否
发型轮廓饱满	☐	☐
发丝光顺	☐	☐
发梢内弧	☐	☐

13. 精修

用剪刀尖小心地剪去长出边线的头发（图 2-113）。

图 2-113

请根据表 2-27 检查自己的工作。

表 2-27 技能检测表

要求	评价	
	是	否
头发边线呈"人"形	☐	☐
内外头发发梢落点在同一个平面上	☐	☐
两侧对称	☐	☐
发丝光顺	☐	☐
发梢内弧、走向一致	☐	☐
轮廓饱满	☐	☐

14. 完成后的造型效果

见图 2-114 至图 2-116。

图 2-114

图 2-115

图 2-116

15. 结束工作

掸干净顾客脸、颈部的碎发,用梳子将头发按自然流向梳顺,征求顾客意见。打闪镜,顾客对发型满意后,摘掉围布毛巾,帮助顾客整理衣领,带顾客取衣物、结账、送顾客离开。

请根据表 2-28 检查自己的工作。

表 2-28 技能检测表

要求	评价	
	是	否
顾客颈部、脸上无碎发	☐	☐
摘围布毛巾动作规范	☐	☐
虚心听取顾客意见	☐	☐
热情服务,欢迎顾客再次光临	☐	☐

四、整理工作

顾客离开后,按要求迅速整理工具用品和工作环境,保持工具用品干净、工作环境整洁,将美发椅上的头发掸干净,为下一次服务做好准备。

请根据表 2-29 检查自己的工作

表 2-29 技能检测表

要求	评价	
	是	否
工具物品干净归位	☐	☐
工作区域干净	☐	☐

任 务 检 测

请针对评价标准(表 2-30)认真仔细检查每一个内容,合格项打"✓"

表 2-30 任务评价表

项目	标准	评价	存在的问题、解决的方法及途径
个人仪表	1. 干净、整洁	☐	
	2. 符合企业要求	☐	
服务规范	1. 使用礼貌专业用语	☐	
	2. 服务热情、周到、规范	☐	
	3. 保证工作环境干净整洁	☐	
制定方案	方案准确	☐	
工具用品	1. 齐全	☐	
	2. 干净	☐	
效果	1. 长短适宜	☐	
	2. 边线呈"⌒"形	☐	
	3. 头发垂落位置准确	☐	
	4. 两侧对称	☐	
	5. 发丝光顺	☐	
	6. 发梢服帖,走向一致	☐	
	7. 轮廓饱满	☐	

续表

项目	标准	评价	存在的问题、解决的方法及途径
评定等级	优秀□ 良好□ 达标□ 未达标□		

任 务 小 结

此任务为完成前长后短的三角形零度层次发式。分片时向前倾斜30°，自然垂落提拉，使用梳压断剪方法完成，修剪时请顾客头部保持正直，每一片头发拉力尽量保持为零，剪切线与分线平行；吹风时发丝吹光顺，偏分发根处蓬松，有一定弧度，发梢走向内弧。

知 识 链 接

一、头路

1. 形状

头路形状要根据发型效果进行设计，常见头路形状有直线形、弧线形、"之"字形、斜线形等（图2-117）。

2. 长度

头路长度一般不超过头顶最高点即两耳尖连线中点。发型要体现整体效果，当头路超过头部最高点时，从头部后侧看去，就会显露出头路，从而破坏发型整体效果。

二、颅骨的构造

成人骨骼由206块骨组成。分为颅骨、躯干骨、四肢骨三个部分。

颅骨是头、面骨骼的总称，它由不同形状的23块骨组成。颅骨位于脊柱上方，以眼眶上缘至耳门下缘的连线为界，分为脑颅和面颅两部分。

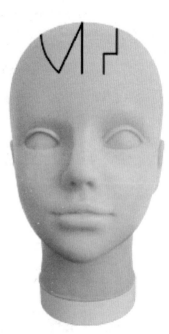

图 2-117

脑颅骨又称颅盖骨,由8块骨构成:额骨1块、顶骨2块、枕骨1块、蝶骨1块、颞骨2块、筛骨1块。以上各种不同骨块组合形成头形(图2-118)。

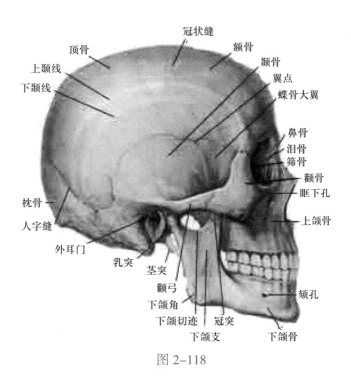

图 2-118

面颅骨由15块骨构成,位于脑颅骨前下方,分别是梨骨、上颌骨、下颌骨、鼻骨、泪骨、颧骨、下鼻甲骨、腭骨、舌骨。以上各骨块的密切组合形成脸形轮廓(图2-119)。

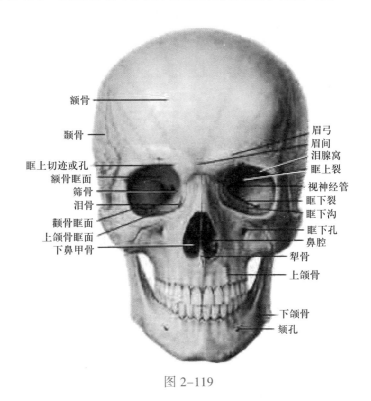

图 2-119

不同顾客颅骨特征为：男性——脑颅顶部呈正方形，额部略向后倾斜。女性——脑颅顶部比较圆润，下颌稍尖，额面较平直。老年人——由于牙齿脱落，牙床凹陷，唇部收缩，上、下颌骨明显突出。幼儿——下颌骨尚未完全发育，颌部内收，脑颅部位显大。

三、服务技巧——剪发服务细节

1. 顾客在进入发型师的操作位置之前，发型师要用准备好的毛巾清洁座位。

2. 顾客准备进入发型师的操作位置或起身离开发型师的操作位置时，发型师一定要将座椅轻轻地转动至顾客方便进入或方便起身走出的角度。对穿短裙的女顾客，尤其要提供细心的服务。

3. 剪发前为顾客围好颈部毛巾或颈巾纸，颈巾纸和毛巾要每客一换，绝不可以用前一个顾客用过的毛巾为下一个顾客继续服务用。

4. 围围布和毛巾时，从顾客右侧斜下方将围布围到顾客的脖子上。围毛巾、围布时不允许从上方绕过顾客头部，也不可离顾客太近或在脸前抖毛巾。

5. 梳通头发时一定要力度适中，绝不能让顾客因为头发被拉扯而产生疼痛或其他不适的感觉。

6. 修剪前对头发进行分区固定时，保证顾客的形象美观。以造型的意识对待头发固定的操作，无论怎样分区固定，头发都不要挡在顾客的面部或眼睛前，使顾客感觉不舒服。头发挽起固定时，顾客脸形的缺陷会极易暴露，在长时间的操作中，顾客在外人面前会感觉不自在或心理不适。所以，操作者要顾及顾客修剪过程中的形象和感受。

7. 发型师或发型助理要随时为顾客小心、用心地清理掉落到脸上的碎头发茬，以免造成不舒适的感觉。

8. 剪发前用干净的毛巾处理好未擦干的头发。不允许水滴从顾客的发梢处流淌。

9. 掸头发的工具一定要采用柔软干净海绵或大头毛刷。脏、差的工具会造成顾客不愿意接受某些服务的逆反心理，海绵内部已经扎满了很多的头发却仍在使用是不符合要求的。

10. 使用工具时一定不要出现磕、碰、脱落等可能给顾客带来危险的动作。

11. 剪发时需要顾客低头或侧头的时候，一定用轻柔的力度和礼貌的动作，同时配合服务用语，让顾客了解发型师的想法而自动配合。

 服务语言参考

"××姐，您的头稍微右侧一下好吗？"

12. 在操作的过程中,如果梳子或其他工具掉落到地上,要更换或捡起后仔细擦拭再继续使用,同时向顾客道歉。

13. 修剪过程中头发需要喷水的时候,喷壶的口要避开顾客的面、颈部,同时用手掌遮挡顾客的面部。没有做或没有做好防护措施,水喷到了顾客的面部或眼睛里,会让顾客感受到强烈的不适或痛苦,也可能造成妆面被破坏从而影响顾客的消费心情。

14. 剪发操作结束后清理头发时,用掸刷或海绵清理,可以适当地用手指捏下头发,但动作要轻。

15. 操作结束后,轻轻地放下手中的工具,主动询问顾客的满意程度。

服务语言参考

"×× 姐,您感觉这样的效果可以吗?"

检测与练习

一、知识检测

(一) 选择题

1. 修剪三角形发式时,要注意分线 (　　),两侧对称。

A. 向同一侧倾斜　　　　　　　　　　　B. 向前倾斜

C. 向后倾斜　　　　　　　　　　　　　D. 水平

2. 要达到发梢垂落点准确,保证两侧对称,修剪操作时要请顾客保持头位 (　　)。

A. 端正　　　　　　　　　　　　　　　B. 向右倾斜

C. 向左倾斜　　　　　　　　　　　　　D. 向后倾斜

3. 头路的长度一般不超过 (　　)。

A. 耳上点与黄金点连线　　　　　　　　B. 耳上点与顶点连线

C. 头顶　　　　　　　　　　　　　　　D. 转角线

4. 要将发根吹蓬松饱满,吹风机送风位置在 (　　)。

A. 发根　　　　　　　　　　　　　　　B. 头皮

C. 发梢　　　　　　　　　　　　　　　D. 发干

5. 当顾客对服务不满意时,美发师应该 (　　)。

A. 不理睬　　　　　　　　　　　　　　B. 态度强硬

C. 了解顾客想法,提出解决方案　　　　D. 直接找经理解决

（二）判断题

（　　）1. 修剪头发时拉力尽量保持均匀一致。

（　　）2. 头路形状和发型效果没有密切关系。

（　　）3. 颅骨是头、面部骨骼的总称。

（　　）4. 头路长度超过头部最高点时，不会破坏发型整体效果。

（　　）5. 围围布时不允许从上方绕过顾客头部，也不可离顾客太近或在脸前抖围布。

二、练习

1. 根据本任务在图 2-120 中画出正确位置。

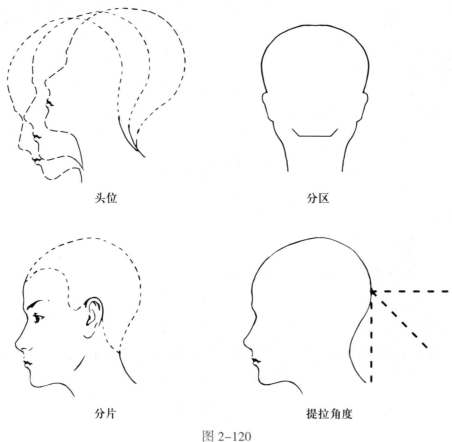

头位　　　　　　　　　　分区

分片　　　　　　　　　　提拉角度

图 2-120

2. 在教习头上练习划分发片线。

3. 每天练习吹风机与发刷配合使用 30 分钟。

4. 每天练习排骨刷转动 30 分钟。

5. 练习准确提拉发片，逐渐提高控制力。

任务三　零度层次短发剪吹造型

　　今天我们接待一位中长发女中学生。她希望能剪一款可爱些的发型,但又不想让头发剪得太短、太碎。根据顾客要求,美发师决定为她修剪一款零度层次、圆形的短发(图 2-121、图 2-122),既能体现头发体积感、易于打理,又有效地修饰了脸形,显得可爱。

零度层次
短发

图 2-121

图 2-122

学习目标

◎ 掌握零度层次圆形发式的特点

◎ 能够为顾客进行规范、热情的服务,保护好顾客衣物

◎ 正确领会修剪意图,制订修剪造型方案

◎ 准确掌握提拉角度

◎ 准确控制头发拉力

◎ 按照规范的零度层次发式修剪操作流程,运用梳压断剪、梳刷、拉刷方法完成圆形短发修剪造型任务

◎ 能按质量标准准确分析发式修剪造型效果

◎ 能正确清洁保养工具

◎ 保持个人仪表、环境干净整洁

知识技能准备

一、零度层次圆形发式特点

　　修剪后头发发梢垂落在同一条圆弧形线上,形成前短后长的圆弧形外形线(图 2-123、图 2-124)。

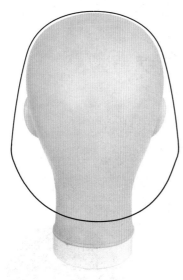

图 2-123

图 2-124

二、修剪弧线的方法

修剪头发形成弧线时,剪口应尽量短,通过每一次修剪逐渐变化角度,最终连成一条弧线。切记不可剪口过长,剪口越短越容易形成弧线 (图 2-125)。

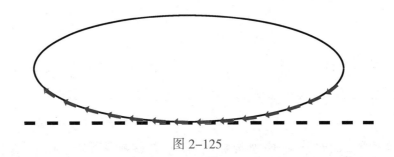

图 2-125

三、修剪造型注意事项

(1) 头发提拉方向应与头发自然垂落方向一致。

(2) 修剪时头发拉力尽量保持为零且拉力均匀一致,剪口宜短不宜长。注意观察,形成弧形边线。

(3) 操作时,剪刀要拿稳,以免损伤顾客皮肤。

(4) 操作中随时掸干净顾客脖颈处、脸上的碎发,关注顾客的感受,及时调整。

(5) 掌握好吹风机送风角度及温度,以免烫伤顾客头皮、损伤头发。

(6) 工具用后清洗干净,定期消毒。剪刀用专用擦拭布 (皮) 擦拭干净,进行保养,吹风机散热孔要保持干净。

任 务 实 施

一、咨询交流，确定修剪造型方案

（1）与顾客沟通，了解顾客需求。

（2）根据顾客需求、发质特点、脸形等条件提出建议，与顾客达成一致意见，从而确定修剪方案。

请根据表 2-31 检查自己的工作。

表 2-31 技能检测表

要求	评价	
	是	否
服务中面带微笑	☐	☐
动作规范	☐	☐
使用礼貌、专业用语	☐	☐
修剪方案确定准确	☐	☐

二、准备工作

1. 工具用品准备

准备修剪所需工具用品，放在工具车上（图 2-126），并推到工作位置（练习时可用教习发，将教习发固定在合适的位置上）。

图 2-126

2. 服务准备

（1）洗发。

（2）请顾客舒适地坐好,围好修剪围布,做好保护措施。询问顾客松紧是否合适,进行适当的调整。

（3）用毛巾擦去头发中多余的水分。

（4）用宽齿梳将头发向后梳理通顺。

请根据表 2-32 检查自己的工作。

表 2-32　技能检测表

要求	评价	
	是	否
头发中没有多余水分,全头干湿程度一致,不滴水	☐	☐
发际线以外没有水迹	☐	☐
顾客衣服用毛巾、围布保护好	☐	☐
围布松紧适度	☐	☐
梳理头发力度适中,不拉扯头发,顾客感觉舒适	☐	☐

三、剪吹操作

1. 分发区

用正中线将头发分为左右两个对称的发区;两耳尖向上 1 厘米、前发际向内 2 厘米、后发际向上 3 厘米连成一条椭圆形线（图 2-127 至图 2-129）。

图 2-127

图 2-128

图 2-129

请根据表 2-33 检查自己的工作。

表 2-33　技能检测表

要求	评价	
	是	否
发区对称	☐	☐
分线清晰	☐	☐
工具使用正确、熟练	☐	☐

2. 确定长度,修剪引导线

将头发向下梳顺,疏密梳与分线平行,停留在将要剪切的设计线处,与分线平行修剪
(图 2-130 至图 2-132)。

图 2-130

图 2-131

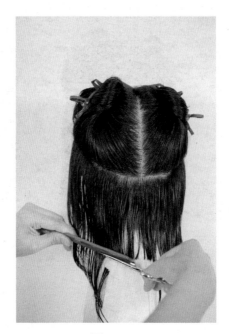

图 2-132

提示

保证按头发自然垂落方向梳理;拉力降至最低;剪切线与分线平行,剪刀切口尽量短。

请根据表 2-34 检查自己的工作。

表 2-34   技能检测表

要求	评价	
	是	否
头发拉力一致	☐	☐
提拉角度为 0°	☐	☐
剪切线与分线平行	☐	☐
边线齐	☐	☐

3. 继续修剪

连接侧发,按头发自然垂落方向梳理,在耳上部用剪刀压松发片,然后剪切线与分线平行进行修剪 (图 2-133、图 2-134)。

图 2-133

图 2-134

提示

修剪耳上部头发时,注意考虑凸起的耳朵,此处头发应留出一定的长度,确保边线圆顺。

请根据表 2-35 检查自己的工作。

表 2-35　技能检测表

要求	评价	
	是	否
分线清晰、对称	☐	☐
头发拉力保持一致	☐	☐
内外层头发发梢垂落在同一条线上	☐	☐
边线圆顺对称	☐	☐

4. 修剪前发,按设计效果进行弧线连接 (图 2-135 至图 2-137)。

图 2-135

图 2-136

图 2-137

提示

注意剪刀不可伤到顾客皮肤。及时掸掉顾客脸上碎发。

5. 连接另一侧，对比两侧是否对称

见图 2-138、图 2-139。

图 2-138

图 2-139

6. 梳理检查,边线应圆顺

见图 2-140 至图 2-143。

图 2-140

图 2-141

图 2-142

图 2-143

请根据表 2-36 检查自己的工作。

表 2-36 技能检测表

要求	评价	
	是	否
头发边线轮廓呈椭圆形	☐	☐
内外层头发垂落在一个面上	☐	☐
两侧对称	☐	☐

7. 修剪头顶头发

将头顶头发放下,按头发自然生长方向梳理,以剪过的头发长度为标准修剪发片(图 2-144 至图 2-146)。

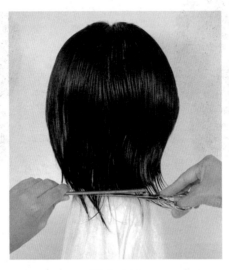

图 2-144

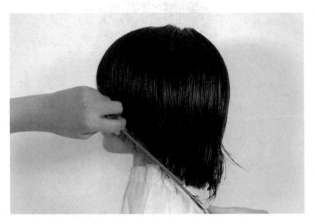

图 2-145

图 2-146

提示

在贴近皮肤时,要小心修剪,不能损伤顾客皮肤(图 2-147)。当头发紧贴皮肤处,不易修剪时,可以小心地用剪刀伸进头发底部向上轻挑,使头发离开皮肤,便于修剪。

图 2-147

8. 检查调整

将头发梳理通顺,检查边线效果、发梢垂落位置(图 2-148 至图 2-150)。

图 2-148

图 2-149

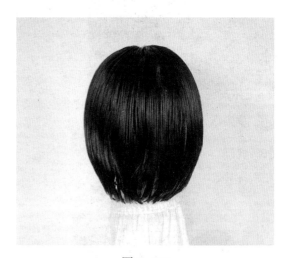

图 2-150

请根据表 2-37 检查自己的工作。

表 2-37　技能检测表

要求	评价	
	是	否
头发边线轮廓呈椭圆形	☐	☐
内外层头发垂落在一个面上	☐	☐
两侧对称	☐	☐
顾客颈部、脸上无碎发	☐	☐

9. 按发型设计要求吹风。

（1）手与吹风机配合将头发吹至半干（图 2–151）。

（2）用梳刷法将头发吹至八成干，吹顺发丝，使发根蓬松（图 2–152）。

（3）用拉刷法分层吹全头。由于后发较短，因此发片提拉角度要低一些，以免后发翘起（图 2–153、图 2–154）。

（4）吹左右两侧头发和前发（图 2–155、图 2–156）。

（5）吹头顶部头发。头发提拉角度可逐渐提升，使轮廓饱满（图 2–157、图 2–158）。

10. 精修，将边线修圆顺（图 2–159）

图 2–151

图 2–152

图 2–153

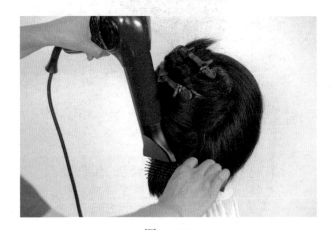

图 2–154

图 2-155

图 2-156

图 2-157

图 2-158

图 2-159

提示

在贴近皮肤时，要用手稳住剪刀，保证安全。

11. 完成造型效果

可视情况喷定型发胶，这个发型不需要过多定型，如果顾客提出要喷胶定型，则应至少距离头皮 30 厘米喷发胶，使少量的发胶均匀地落在顾客头发上（图 2-160 至图 2-163）。

图 2-160

图 2-161

图 2-162

图 2-163

请根据表 2-38 检查自己的工作。

表 2-38 技能检测表

要求	评价	
	是	否
头发边线齐圆	☐	☐
发型轮廓饱满	☐	☐
两侧对称	☐	☐

12. 结束工作

顾客满意后,摘掉围布、毛巾,帮助顾客整理衣领。带顾客取衣物、结账、送顾客离开。

请根据表 2-39 检查自己的工作。

表 2-39 技能检测表

要求	评价	
	是	否
摘围布、毛巾动作规范	☐	☐
虚心听取顾客意见	☐	☐
热情服务,欢迎顾客再次光临	☐	☐

四、整理工作

顾客离开后,按要求迅速整理工具用品和工作环境,保持工具用品干净、工作环境整洁,将美发椅上的头发掸干净,为下一次服务做好准备。

任 务 检 测

请针对评价标准 (表 2-40) 仔细检查每一个内容,在合格项打"√"。

表 2-40 任务评价表

项目	标准	评价	存在的问题、解决的方法及途径
个人仪表	1. 干净、整洁	☐	
	2. 符合企业要求	☐	

续表

项目	标准	评价	存在的问题、解决的方法及途径
服务规范	1. 使用礼貌专业用语	☐	
	2. 服务热情、周到、规范	☐	
	3. 保证工作环境干净整洁	☐	
制订方案	方案准确	☐	
工具用品	1. 齐全	☐	
	2. 干净	☐	
效果	1. 长短适宜	☐	
	2. 边线圆顺	☐	
	3. 头发垂落位置准确	☐	
	4. 两侧对称	☐	
	5. 发丝光顺	☐	
	6. 发梢服帖，走向一致	☐	
	7. 轮廓饱满	☐	
评定等级	优秀☐ 良好☐ 达标☐ 未达标☐		

任 务 小 结

此任务操作时采用圆形分区、自然垂落提拉、梳压断剪方法完成。修剪引导线时应请顾客头部保持正直，每一片头发拉力尽量保持为零，以减少头发张力，剪口尽量短，形成同位垂落弧线效果。吹风时由下至上提拉角度逐渐提升，使轮廓饱满。

知 识 链 接

一、轮廓线的形态

轮廓线的形态主要依照颈背及脖颈类型而定。

常用轮廓线的形状有："M"形、"V"形、"W"形、下弧形、四方形、上弧形。

1. "M"形

发型效果大胆,建议使用在长脖颈上(图2-164)。

2. "V"形

能产生柔顺、增长感,建议使用在短脖颈上(图2-165)。

3. "W"形

发型效果前卫,建议使用在长且宽的脖颈上(图2-166)。

4. 下弧形

能产生柔顺感,建议使用在一般形状或偏长的脖颈上(图2-167)。

图 2-164

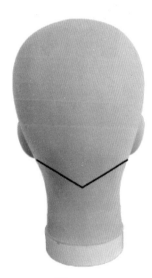

图 2-165

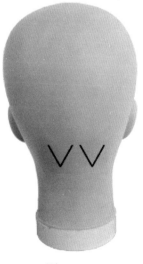

图 2-166

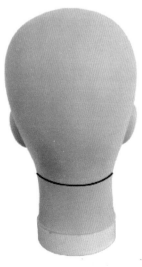

图 2-167

5. 四方形

能产生硬朗、拉宽感,建议使用在细长的脖颈上(图 2-168)。

6. 上弧形

能产生柔顺感,建议使用在短脖颈上(图 2-169)。

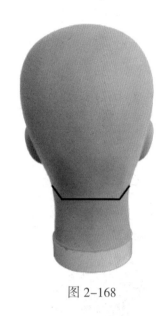

图 2-168

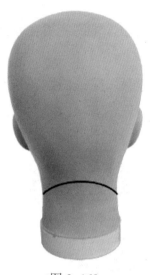

图 2-169

二、剪刀挑选

1. 看做工

做工是否精细决定剪刀的质量。观察做工时,一是看内刃刃线(即刀口内侧一条白光线,为剪刀两片刀口接触的轨道线)是否均匀平滑,可能的话可张开剪刀,然后平缓合上,感觉剪口是否顺畅;二是看导轨是否圆滑,现在大部分剪刀导轨都呈"U"形,日本剪刀偏向"V"形,但端部一定要圆滑;三是看手柄是否符合人体工学原理设计,剪刀握在手里感觉是否舒适,手指在指圈里会不会有不适,指圈的边沿是否光滑圆润,消音器位置是否端正,手尾是否牢固,刀尖合拢时是否紧密,螺钉是否松动。

2. 试手感

试手感时一定要轻缓开启和闭合,因为速度快了造成空剪,对新剪刀的刀刃损伤较大,并且大部分销售商都是不允许这么做的。

3. 试刀锋

仅介绍两种简单的方法:一是取一张单层的面巾纸,用水喷湿,用剪刀剪开一道口子,如果剪口光滑则代表锋利,剪口毛糙则表示不快;二是取一截细棉线(毛巾上的棉线也行),用剪刀刀尖去剪,能剪断则表示刀尖锋利。

三、服务技巧——与顾客的沟通常识

1. 区别对待

不要公式化地对待顾客。为顾客服务时,美发师的答话过于公式化或敷衍了事,会令顾客觉得美发师的态度冷淡,没有礼貌,从而产生不满情绪。

2. 眼睛看着顾客说话

无论美发师使用多么礼貌恭敬的语言,如果只是说个不停而忽略顾客,顾客会觉得很不开心,所以说话时要以柔和的目光望向顾客,并诚意地回答顾客的问题。

3. 经常面带笑容

当别人向美发师说话或美发师向别人说话时,如果美发师面无表情,很容易引起误会,在交谈时多向顾客示以微笑,会给顾客带来快乐的心情。

4. 用心聆听顾客说话

交谈时,美发师需要用心聆听顾客说话,了解顾客要表达的信息。

5. 调整状态

要随着谈话内容的变化,在语速及声音的高低方面做适当的改变。如果像机器人说话那样,没有抑扬顿挫是没有情感的。因此,应多留意自己说话的语调、语速,并逐步去改善。

检测与练习

一、知识检测

(一) 选择题

1. 零度层次发式边线 (　　　)。

A. 整齐　　　　　　　　　　　　　　B. 不整齐

C. 内短外长　　　　　　　　　　　　D. 内长外短

2. 修剪零度层次圆形发型时,剪口距离要 (　　　),易使边线形状圆顺。

A. 长　　　　　　　　　　　　　　　B. 短

C. 长短结合　　　　　　　　　　　　D. 与发片长度一致

3. 修剪零度层次圆形发型边线时,美发师视线最好 (　　　)。

A. 高于剪切线　　　　　　　　　　　B. 低于剪切线

C. 与剪切线平行　　　　　　　　　　D. 与剪切线在同一水平面上

4. 空剪对剪刀刀刃 (　　　)。

A. 损伤较大   B. 损伤较小

C. 没有损伤   D. 有益

5. 用拉刷法吹后部和侧面较短的头发时,发片提拉角度（　　），以免翘起。

A. 与顶部一致   B. 可高可低

C. 比顶部高一些   D. 低一些

（二）判断题

（　　）1. 零度层次圆形发型吹风时,用梳刷法使发根改变方向。

（　　）2. 修剪贴近皮肤的头发边线时,剪刀尖要斜向皮肤。

（　　）3. V 形轮廓线建议使用在细长脖颈上。

（　　）4. 观察剪刀做工,一是看内刃刀线是否均匀平滑,可能的话可张开剪刀,然后平缓合上,感觉剪口是否顺畅;二是看导轨是否圆滑。

（　　）5. 修剪同位垂落圆形发型时,每一片头发拉力尽量保持为零,以减少头发张力,保证所有头发垂落在同一面上。

二、练习

1. 根据本任务在图 2-170 中画出正确位置。

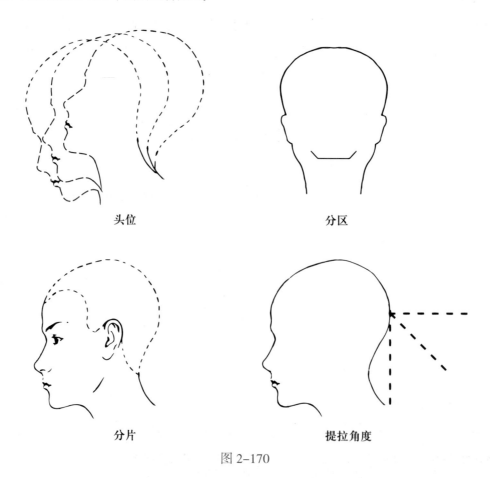

头位　　　　　　　　　　　　分区

分片　　　　　　　　　　　　提拉角度

图 2-170

2. 在教习头上练习分发片。

3. 每天练习零度提拉发片,提高控制力。

4. 练习圆形边线的修剪。

5. 练习修剪同位垂落圆形发型,使操作准确熟练。

项目三　低层次发式剪吹造型

本项目主要通过完成低层次长发、低层次中长发、低层次短发三个发式剪吹造型典型任务（图 3-1 至图 3-3），学习低层次发式剪发吹风基础知识，夹剪、点剪、牙剪、电卷棒卷发等发式修剪、吹风造型技法；塑造充分体现头发重量感、发梢堆积感效果的发型。通过对这三个任务的学习，同学们应掌握低层次发式剪吹造型的工作流程和修剪造型的质量标准。

图 3-1

图 3-2

图 3-3

项目目标

◎ 理解顾客意图,制定比较准确的剪吹造型方案

◎ 能够准确选择、规范使用、正确维护剪刀和疏密梳等剪发工具

◎ 能够按照低层次修剪的操作程序,正确运用修剪工具和指内夹剪的技法,完成发式修剪任务

◎ 能够掌握吹风机、电卷棒及排骨刷、滚刷的操作方法,正确运用吹风工具对低层次的长发、中长发、短发进行造型

◎ 能够较准确地对修剪方法、发式特点、层次和边线效果及吹风造型效果进行分析,具有基本自我评价和审美能力

◎ 能运用礼貌用语、规范的姿态及专业知识为客人进行服务

◎ 保持环境整洁,具有环保意识

工作要求 (表 3-1)

表 3-1 工作要求表

内容	要求
准备工作	1. 剪吹方案合理 2. 工具与用品齐全、卫生 3. 防护措施到位
操作	1. 工具选择正确、运用规范 2. 分区、分线位置准确清晰 3. 修剪、吹风操作程序正确 4. 技法运用恰当 5. 适时沟通
操作结束	1. 剪吹工具、用品归位,摆放整齐 2. 工作环境干净整洁
效果	1. 轮廓线圆顺、左右对称、头发垂落位置准确 2. 吹风造型效果美观,顾客满意

工作流程

1. 确定修剪造型方案
2. 准备工作：按要求准备工具用品、为顾客做好防护措施
3. 修剪造型操作：分发区→确定长度→单区修剪→单区检查调整→逐区修剪检查→湿发全头检查调整→吹风机吹到七八成干→电卷棒分发片做卷→全头调整
4. 结束工作：整理清洁工具用品

任务一　低层次长发剪吹造型

　　今天我们接待一位长头发的年轻女孩，她头发很长，但发量不多 (图 3-4)。根据顾客要求，美发师为她设计一款长度超过肩部的低层次发型 (图 3-5)。美发师在修剪时采用低层次、指内夹剪等方法，以体现头发的厚重感，增加发量效果，用电卷棒处理发梢，使发型自然，方便打理，更有效地修饰顾客的脸形、头形。

低层次
长发

图 3-4　　　　　　　　　　　　　　　图 3-5

学习目标

◎ 掌握低层次长发发式修剪的特点

◎ 能为顾客进行规范的服务，保护好顾客衣物

◎ 正确领会修剪意图，能制定修剪方案

◎ 规范安全运用、正确清洁修剪工具

◎ 掌握低层次的提拉角度，提拉角度控制在 45° 左右

◎ 能基本准确控制头发拉力

◎ 按照规范的低层次发式修剪操作流程,能运用指内夹剪法完成低层次长发修剪任务

◎ 能按质量标准准确分析发式修剪效果

◎ 掌握吹风机、排骨刷、滚刷及电卷棒的操作方法,能正确运用吹风工具对低层次的长发进行造型

◎ 保持个人仪表,环境干净整洁

知识技能准备

一、低层次长发发式特点

1. 正视发型

长度过肩部,修剪时提拉发片的角度与切口均保持在45°以内,层次较低,左右对称。

2. 侧视发型

发梢垂落在发型边缘处一定的范围内,从而形成一种外短内长、不间断的表面纹理,发尾堆积形成厚重的效果 (图 3-6、图 3-7)。

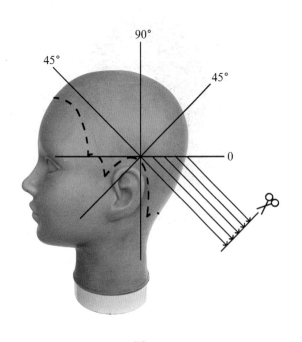

图 3-6

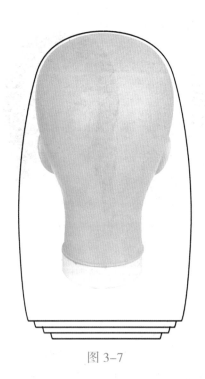

图 3-7

二、剪吹技巧

1. 指内夹剪法

这种方法适用于修剪长发或低层次的发型,具体操作方法是左手夹住发片,手心朝向美发师,手背朝向顾客头皮,右手持剪刀进行修剪 (图 3-8)。

2. 电卷棒的操作方法

先用发梳挑起一片头发梳顺、拉直,再拿起加热到预设温度的电卷棒,夹住发片的发梢部分 (图 3-9),向下转动一周以上,使发梢内扣并卷紧;停留 20~30 秒,把电卷棒凹槽与电热棒分开,轻轻由发卷中抽出,形成内扣的发卷 (图 3-10)。

图 3-8

图 3-9

图 3-10

三、修剪造型注意事项

1. 要达到修剪效果,操作时要请顾客的头保持正直,不要向前、后、左、右倾斜。

2. 头发提拉角度应保持在 45° 左右。

3. 修剪时,在保证发片被拉直的基础上头发拉力尽量保持为最小,且均匀一致。

4. 修剪后头发左右两侧的长度一致。

5. 操作中随时掸干净顾客脖颈处、脸上的碎发,观察顾客感受,及时调整。

6. 操作时注意电卷棒与皮肤的距离,避免烫伤顾客。

7. 控制电卷棒的温度,避免温度过高会损伤头发。

8. 卷好发片后要停留 20～30 秒,以保证头发的卷度。停留时间不可过长,以免损伤头发。

9. 加热后的电卷棒应放在安全的地方待其冷却。

任 务 实 施

一、咨询交流,确定修剪造型方案

(1) 与顾客沟通,了解顾客需求。

(2) 根据顾客需求、发质特点、脸形等条件提出建议,与顾客达成一致意见,从而确定修剪造型方案。

二、准备工作

1. 工具用品准备

准备修剪造型所需工具用品 (图 3-11),放在工具车上,并推到工作位置。初步练习时一般使用教习发代替顾客,将教习发固定在合适的位置上。

图 3-11

2. 服务准备

(1) 洗发。

(2) 请顾客舒适地坐好,整理修剪围布,做好保护措施。询问松紧是否合适,并进行相应调整。

（3）用毛巾擦去头发中的多余水分,用宽齿梳将头发向后梳理通顺（图 3-12）。

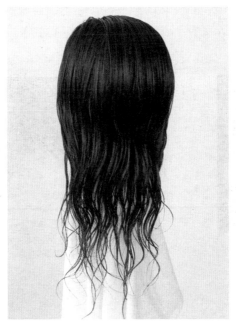

图 3-12

三、剪吹操作

1. 分发区

共分为 6 个发区（图 3-13）。

2. 修剪边线,定长度（图 3-14、图 3-15）。

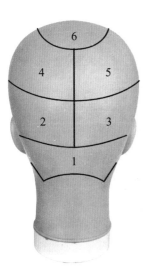

图 3-13

图 3-14

图 3-15

3. 修剪第一发区引导线

在第一发区的后发正中取 2～3 厘米纵向发片为第一发片,提拉角度控制在 45° 左右,切口与水平线之间的角度也控制在 45° 左右 (图 3-16、图 3-17)。

图 3-16　　　　　　　　　　　　　　　　　图 3-17

4. 修剪第二、第三片发片

在引导线的旁边取 2～3 厘米纵向发片为第二片发片,注意控制提拉角度和切口与水平线之间的角度,再取第三片发片,以同样的方法进行修剪 (图 3-18)。

5. 完成修剪第二、第三发区头发

放下第二发区的头发,以第一发区的头发为引导线,提拉角度和切口与水平线之间的角度控制在 45° 左右,完成第二、第三发区的头发修剪 (图 3-19 至图 3-21)。

图 3-18　　　　　　　　　　　　　　　　　图 3-19

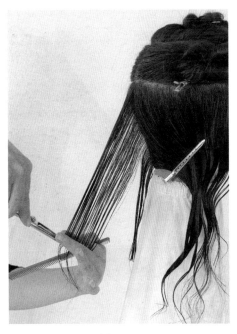

图 3-20 图 3-21

6. 完成修剪第四、第五发区头发

按同样的修剪方法修剪第四、第五发区的头发（图 3-22 至图 3-26）。注意，左侧耳后的区域是"危险区"，头发要向后拧转，把"危险区"的头发放长，同样应控制提拉角度和切口与水平线之间的角度；右侧的修剪方法同左侧。

图 3-22

图 3–23

图 3–24

图 3–25

图 3–26

提示

保证提拉发片时的拉力为最小。

每一片头发的提拉角度及剪切口要准确并保持一致。

两侧耳后的"危险区"的头发要适当放长。

7. 按同样的修剪方法修剪第六发区的头发（图 3-27、图 3-28）

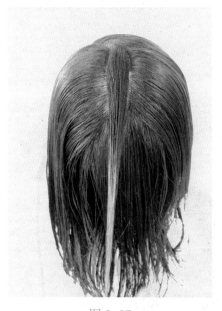

图 3-27

图 3-28

8. 检查

检查修剪效果，用梳子将头发按自然流向梳顺，检查边线效果、层次，对比两侧是否对称（图 3-29 至图 3-30）。

图 3-29

图 3-30

9. 吹风

先用吹风机的大风烘干头发至七八成干,再配合排骨刷或滚刷拉直发丝,吹出发丝的光泽(图 3-31 至图 3-33)。

图 3-31

图 3-32

图 3-33

10. 用电卷棒整形

将电卷棒通电加热并调好温度。用梳子梳顺发丝后，把头发缠绕在电卷棒上，卷好后停留 20～30 秒，然后放下发片，检查发卷的卷曲度和起伏度，并进行调整（图 3-34、图 3-35）。

图 3-34

图 3-35

11. 完成的造型效果（图 3-36 至图 3-38）

图 3-36

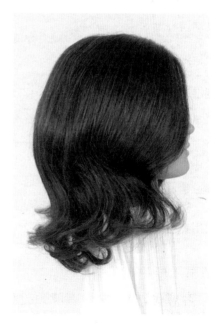

图 3-37

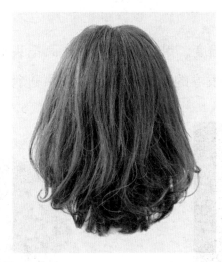

图 3-38

请根据表 3-2 检查自己的工作。

表 3-2 技能检测表

要求	评价	
	是	否
分线清晰	☐	☐
发片厚度均匀	☐	☐
头发拉力适度、一致	☐	☐
提拉角度准确	☐	☐
发梢外短内长垂落在 3~5 厘米	☐	☐
修剪工具使用正确、熟练	☐	☐
吹风机烘干头发至七八成干	☐	☐
电卷棒使用熟练	☐	☐

12. 结束工作

征求顾客意见,掸干净顾客脖颈处碎发,整理其衣领,结账,送顾客离开。

四、整理工作

顾客离开后,按要求迅速整理工具用品和工作环境,保持工具用品干净、工作环境整洁,为下一次服务做好准备。

任 务 检 测

请针对评价标准（表 3-3）仔细检查每一个内容，合格项打"√"。

表 3-3 任务评价表

项目	标准	评价	存在的问题、解决的方法及途径
个人仪表	1. 干净、整洁	☐	
	2. 符合企业要求	☐	
服务规范	1. 使用礼貌专业用语	☐	
	2. 服务热情、周到、规范	☐	
	3. 保证工作环境干净整洁	☐	
制定修剪造型方案	方案准确	☐	
工具用品	1. 齐全	☐	
	2. 干净	☐	
分区分片	1. 根据修剪要求准确进行分区	☐	
	2. 根据修剪要求准确分片	☐	
	3. 分线清晰、准确	☐	
发片提拉	1. 角度准确	☐	
	2. 一致	☐	
	3. 力度最小	☐	
剪切线	1. 剪切线准确	☐	
	2. 长短适宜	☐	
修剪效果	1. 长短适宜	☐	
	2. 边线整齐	☐	
	3. 低位垂落	☐	
	4. 两侧对称	☐	
吹风造型	1. 用吹风机烘头发至七八成干	☐	
	2. 分发片薄厚适中	☐	
	3. 电卷棒卷头发的角度正确	☐	
	4. 电卷棒卷头发时停留时间适当	☐	
	5. 造型自然、美观	☐	
评定等级	优 秀☐ 良 好☐ 达 标☐ 未达标☐		

任务小结

此任务操作时全头分六个发区、提拉角度控制在45°左右、运用指内夹剪方法完成,修剪时头部保持正直,每一片头发拉力尽量保持为最小,以减少头发张力,每一片发片的提拉角度保持一致,做到轻拉、重梳、重夹。

先用吹风机的大风烘干头发至七八成干,再配合排骨刷拉直发丝,吹出发丝的光泽;将电卷棒通电加热并调好温度,用梳子梳顺发丝后,把头发缠绕在电卷棒上,卷好后停留20~30秒,检查发卷的卷曲度,并进行调整、梳理造型。

知识链接

一、低层次的造型变化

低层次的修剪是制造头发重量感的技法,使发型更有立体感;发片提拉角度越低,层次截面越小,越能显示发型轮廓的重量感;低层次的运用有多种造型效果,有的运用在发型后部及左右两侧发区的边线处(图3-39、图3-40);有的运用在个别区域,如表现在左右发区的边线处(图3-41);有的运用在后发区的边线处(图3-42)。低层次发型的边线除了水平线造型,也可以是前短后长或前长后短的斜线造型,还可以是左右长短不对称、与各种层次结合等多种造型。

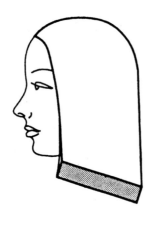

图3-39

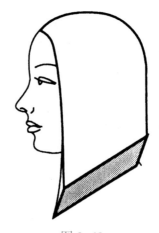

图3-40

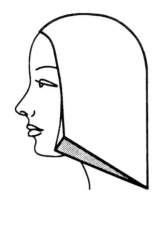

图 3-41　　　　　　　　　　　　　　　　　图 3-42

二、服务技巧——接待新顾客

迎宾：您好，欢迎光临本店！（迎宾注意站位和相应的手势）

顾客进美发店后，助理必须先带位安排茶水。

助理："您好！我是本店的助理，我叫冰冰，请问怎么称呼您呢？"

顾客："我姓张。"

助理："张姐您好！请问您有指定的发型师吗？"

顾客："没有。"

助理："没关系，我们店里的每一位发型师都非常优秀，我帮您介绍一位好吗？"（然后看一下发型师的流水牌，如是王发型师，带领王发型师走到张小姐面前，并且要隆重介绍王发型师。）

助理："张姐您好！这是我为您介绍的发型师——王发型师，他有很多的回头客，他的发型创意非常好。如果由他为您设计，您肯定会满意的。你们先沟通一下，我在旁边等候你们的吩咐。"

王发型师："张姐您好！很高兴认识您，我叫王××。在我为您设计之前，我先帮您分析一下发质好吗？因为这样可以为您更好地进行设计。"

顾客："好的。"

在分析发质时，可侧面问一下，如平时喜欢进什么样的店，曾经烫染的价格情况。这样便于有效地定价。

王发型师话术："张姐您好！为了能让我知道您的想法和爱好，请您在这本发型册中选三款您最喜欢的发型，这样我能更好地进行设计。"

"冰冰，给张姐选用防受损专用洗发水，洗头时要用指腹洗，以免伤了张姐的头皮。张姐，我那里还有顾客，您慢慢洗，我一会儿过来。"等张姐洗完后，在做头部按摩时，王发型师尽快过去。

王发型师："张姐您选好喜欢的发型了吗？"

顾客:"选好了。"

王发型师:(无论顾客选哪三款美发师都应肯定)"您真有眼光,我也是这样想的,不过,我建议在刘海的部位剪短一点,这样能更好地配合您的脸形,您认为可以吗?"

顾客:"可以。"

检测与练习

一、知识检测

(一)选择题

1. 剪发设计必须考虑发质的( )要素。

A. 软硬　　　　　　　　　　　　　B. 碱化度

C. 曲直　　　　　　　　　　　　　D. 发色深浅

2. 夹剪的操作方法有两种,其中一种是剪掉手指内侧的头发,叫( )。

A. 指侧夹剪　　　　　　　　　　　B. 指内夹剪

C. 指下夹剪　　　　　　　　　　　D. 手心夹剪

3. 头发提拉角度越大,则层次( )。

A. 低　　　　　　　　　　　　　　B. 较低

C. 略低　　　　　　　　　　　　　D. 高

4. 修剪低层次长发发型时,提拉的角度是( )。

A. 0°　　　　　　　　　　　　　　B. 30°～45°

C. 70°～90°　　　　　　　　　　　D. 90°以上

5. 电卷棒做发卷时需要吹风机烘干头发至( )的程度。

A. 十分干　　　　　　　　　　　　B. 半干

C. 七八成干　　　　　　　　　　　D. 不滴水

(二)判断题

( )1. 指内夹剪法的具体操作方法是左手夹住发片,手心朝向发型师自己,手背朝向头皮,右手持剪刀,剪掉左手掌心这侧的头发。

( )2. 电卷棒的温度越高越好,做的发卷就越牢固。

( )3. 修剪发型时头发最好是干燥的。

( )4. 电卷棒的温度是根据头发的粗细、软硬而调节的。

( )5. 电卷棒只能做向内卷绕的操作。

二、练习

1. 正确持剪,稳定空剪达到30分钟。

2. 练习提拉发片 45°,逐渐提高控制力。

3. 吹风机与发刷配合进行吹风练习。

4. 用电卷棒做一款长发造型。

任务二　低层次中长发剪吹造型

今天我们接待了一位中年女顾客 (图 3-43),她头发的发量不多,想要发型轮廓饱满。根据顾客要求,美发师决定采用低层次、指内夹剪方法为她设计一款低层次中长发发型,发梢向外翻翘 (图 3-44),这款发型造型饱满,在体现头发重量感的同时,有效地修饰了脸形、头形,更加符合顾客端庄的气质。

低层次
中长发

图 3-43

图 3-44

学习目标

◎ 掌握低层次中长发修剪发式的特点

◎ 能为顾客进行规范服务,保护好顾客衣物

◎ 正确领会修剪意图,能制订修剪方案

◎ 规范安全运用、正确清洁修剪工具

◎ 提拉角度控制在 45°～60°

◎ 能基本准确控制头发拉力

◎ 按照规范的低层次发式修剪操作流程,运用夹剪法完成低层次中长发修剪任务

◎ 能按质量标准准确分析发式修剪效果

◎ 掌握吹风机、排骨刷、滚刷的操作方法,正确运用吹风工具对低层次的中长发进行造型

◎ 保持个人仪表,环境干净整洁

知识技能准备

一、低层次中长发式特点

1. 正视发型

长度在颈部，层次较低，使发型更有重量感，左右对称。

2. 侧视发型

发梢垂落在发型靠近边缘处一定的范围内，从而形成一种外短内长、不间断的堆积效果（图3-45至图3-47）。

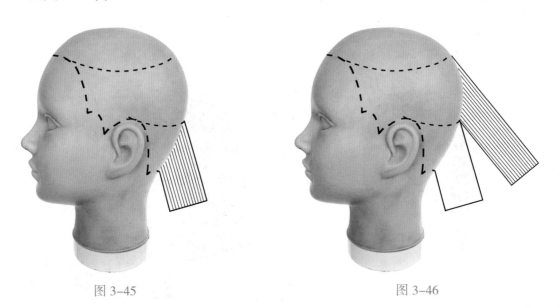

图3-45   图3-46

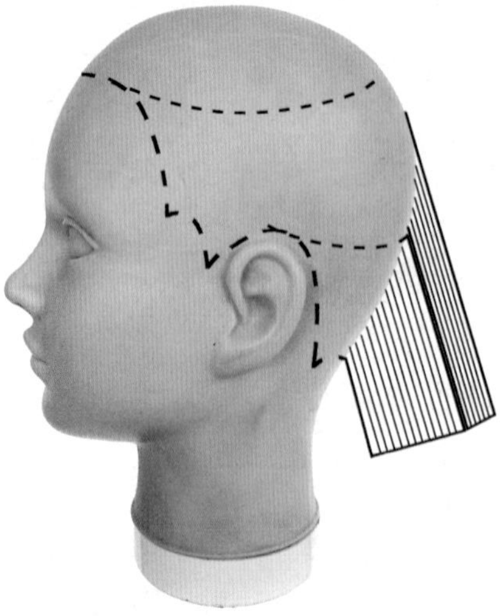

图3-47

二、剪吹技巧

1. 点剪

点剪技巧是以刀刃尖端在发梢进行修剪,以调整部分发尾头发的数量,此剪发技巧通过修剪发梢决定头发朝向,发梢会呈现不整齐现象,如锯齿状效果,以此重新建立头发自然的朝向。

(1) 点剪技巧的三种方法

① 剪刀倾斜 5°(图 3-48):应用于纤细柔软发质,只需修剪少量头发。

② 剪刀倾斜 10°(图 3-49):应用于中等软度的头发。发片提高程度并不会影响剪刀倾斜的结果。

③ 剪刀倾斜 15°(图 3-50):应用于粗发。

剪刀尖倾斜一定角度,在头发上间隔剪去部分头发,使头发密度减轻。点剪的位置不同、剪刀尖角度不同,会产生不同的效果。

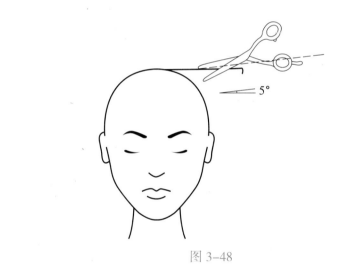

图 3-48

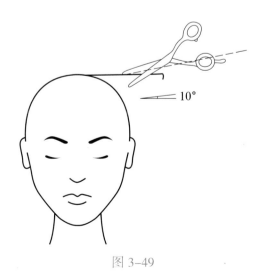

图 3-49

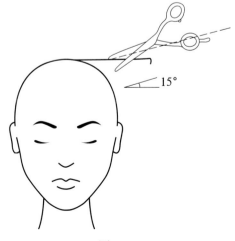

图 3-50

（2）剪刀的朝向与头发朝向和提拉角度完全相同

① 朝向 0°（图 3-51）：是指发片没有任何的提拉角度，剪刀尖端应与发梢相对应，剪刀也要保持无角度。剪发时，美发师的眼睛要关注剪刀尖端与发梢两部分。

② 朝向 45°（图 3-52）：当提拉发片成 45° 时，剪刀在发梢处有间隔地进行点剪。

③ 朝向 90°（图 3-53）：当提拉发片成 90° 时，剪刀也要提高到相同高度，操作时美发师的眼睛要关注剪刀尖端与发梢两部分。

④ 朝向 135°（图 3-54）与朝向 180°（图 3-55）：剪刀也提到相应高度，进行修剪。

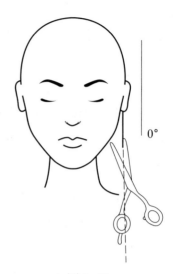

图 3-51

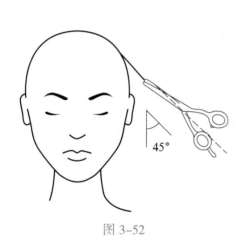

图 3-52

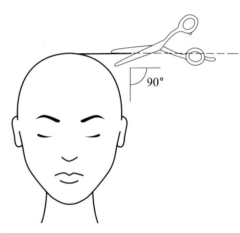

图 3-53

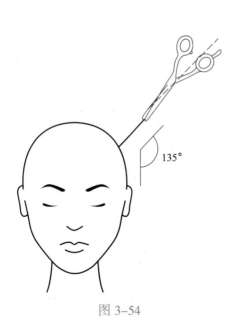

图 3-54

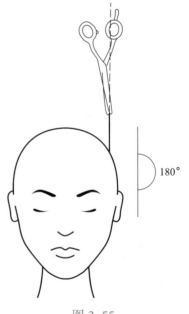

图 3-55

2. 发刷的操作方法

（1）翻刷（图 3-56）：发刷的刷齿向下，带住发梢，通过翻转发刷使发刷和发梢同时做 180° 的翻转。发刷齿向上，吹风机配合吹风定型，用于向内扣或向外翻。

图 3-56

（2）滚法（图 3-57 至图 3-59）

① 行滚：滚刷卷住头发做 360° 旋转，边转动边吹风，可使发丝光顺，产生动感。

② 定滚：滚刷卷住头发不动，用吹风机进行吹风，使头发卷曲并保持发卷持久。

图 3-57

图 3-58

图 3-59

三、修剪造型注意事项

1. 要达到修剪效果,操作时要请顾客保持头部正直,不要向前、后、左、右倾斜。

2. 头发提拉角度应保持在 45° 左右。

3. 修剪时尽量减小头发的拉力并保持拉力均匀一致。

4. 修剪后头发左右两侧的长度一致。

5. 操作中随时掸干净顾客脖颈处、脸上的碎发,观察顾客感受,并及时调整。

6. 先用吹风机大风烘干头发到七八成干,再分发片配合发刷吹顺发丝。

7. 注意保持吹风机与头皮之间的距离,尽量缩短送风时间,避免烫到顾客。

8. 用吹风机配合滚刷向外吹卷发梢,边吹边转动滚刷,使发梢光顺。

9. 吹风机吹卷头发后,要让头发冷却定型后,再吹下一片头发。

任 务 实 施

一、咨询交流,确定修剪造型方案

(1) 与顾客沟通,了解顾客的需求。

(2) 根据顾客的需求、发质特点、脸形等条件提出建议,与顾客达成一致意见后确定修剪造型方案。

二、准备工作

1. 工具用品准备

准备修剪造型所需工具用品,放在工具车上,并推到工作位置。初步练习时一般使用教习发代替顾客,将教习发固定在合适的位置上。

2. 服务准备

(1) 洗发。

(2) 请顾客舒适地坐好,整理修剪围布,做好保护措施。询问顾客松紧是否合适,并进行相应的调整。

(3) 用毛巾擦去头发中多余的水分。

(4) 用宽齿梳将头发梳理通顺 (图 3-60)。

图 3-60

三、剪吹操作

1. 分发区

共分六个发区 (图 3-61)。

2. 定发型长度 (图 3-62)

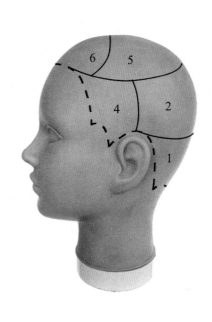

图 3-61　　　　　　　　　　　　　图 3-62

3. 修剪引导线

（1）分发片：在第一发区的正中分出 1～2 厘米厚的发片，称为引导线。

（2）修剪引导线：提拉角度控制在 45° 左右，切口与水平线之间的夹角控制在 45°～60°，修剪引导线（图 3-63）。

图 3-63

提示

由于发片较宽,可以分为多次修剪(以不超过食指长度的 2/3 为准),保持头发提拉角度一致,将拉力减到最小。

4. 修剪层次

(1)按照引导线的修剪方法,将第二片发片提拉至与第一片之间的分线处,提拉角度控制在 45° 左右,切口与水平线的夹角为 45°~60°,修剪第二片发片。将第三片发片提拉至与第二片之间的分线处进行修剪。在左右两侧发际线处的发片要向中间提拉,使这两片头发被放长,并保证两侧长短对称。依次修剪各发片,完成对第一、第二、第三发区的修剪(图 3-64、图 3-65)。

图 3-64

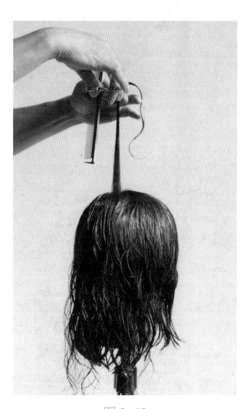

图 3-65

(2)修剪两侧的第四、第五发区。先斜向分发片,注意与后面的头发进行衔接。依次修剪各发片,并查看左右两侧头发的长短是否一致(图 3-66、图 3-67)。

(3)修剪第六区发区,先定长度在下颌处,提拉角度控制在 45° 左右修剪出层次,再与顶部的头发进行衔接(图 3-68 至图 3-70)。

图 3-66

图 3-67

图 3-68

图 3-69

图 3-70

提示

应先把耳上方的头发用剪刀、梳背或手指轻压向头部,再进行修剪,避免发式边线不整齐。

5. 检查

用梳子将头发按自然流向梳顺,观察边线、层次,对比两侧是否对称,检查修剪后的效果。

6. 吹风造型

(1) 第一、第二、第五发区:用吹风机的大风将头发吹至七八成干,使头发自然下垂;用排骨刷配合吹风机吹直、吹顺全部发丝;重新分好发区,从第一发区开始,在左侧分出长约5厘米、厚约3厘米的发片,滚刷沿水平方向、向外卷住发梢一周以上,交替使用行滚法和定滚法,配合吹风机送风定型 (图 3-71),停留 30 秒左右冷却定型,撤出滚刷,查看吹风、效果 (图 3-72);依次吹完第一发区的头发 (图 3-73);使用同样的方法完成第二、第五发区,注意滚刷卷绕发梢的高度要一致。

图 3-71

图 3-72

图 3-73

（2）第三、第四发区：用滚刷卷发梢时要前面高、后面低，斜着向外卷绕发梢一周以上，交替使用行滚法和定滚法，配合吹风机送风定型（图3-74），滚刷在卷绕第三和第四发区的发梢时，前高后低的倾斜度、卷绕头发的高度要一致。

图 3-74

（3）吹发帘：发型采用三七分，发根要站立，轮廓要饱满，发梢要向后掠，呈"S"形。

7. 梳理发型

图 3-75

图 3-76

用大齿梳先梳顺第一、第二、第五发区的头发，再梳顺第三、第四侧发区的头发；在第一、第二、第五发区纵向分发片，左、右手一上一下捏住发片，一边捻动发丝、一边向上下两个方向拉开发丝，增加发卷的蓬松度，并使卷曲的发梢达到发型高度的 1/2；在第三、第四左右两个侧发区，用同样的手法拉松发丝，与第一、第二、第五发区的头发相互衔接，但高度不能超过后发区；梳理第六发区的头发时，先用大齿梳梳顺发丝，再用尖尾梳调整轮廓、挑顺个别发丝（图 3–75 至图 3–77），喷发胶定型。

8. 造型后的效果（图 3–78 至图 3–80）

图 3–77

图 3–78

图 3–79

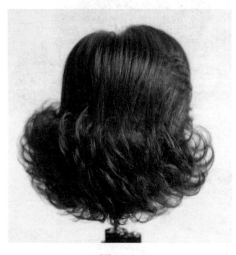

图 3–80

9. 结束工作

征求顾客意见,掸干净顾客脖颈处碎发,帮助顾客整理衣领,结账,送顾客离开。

四、整理工作

顾客离开后,按要求迅速整理工具用品和工作环境,保持工具用品干净、工作环境整洁,为下一次服务做好准备。

任 务 检 测

请针对评价标准 (表 3-4) 仔细检查每一个内容,合格项打"√"。

表 3-4 任务评价表

项目	标准	评价	存在的问题、解决的方法及途径
个人仪表	1. 干净、整洁	☐	
	2. 符合企业要求	☐	
服务规范	1. 使用礼貌专业用语	☐	
	2. 服务热情、周到、规范	☐	
	3. 保证工作环境干净整洁	☐	
制定修剪方案	方案准确	☐	
工具用品	1. 齐全	☐	
	2. 干净	☐	
分区分片	1. 根据修剪要求准确进行分区	☐	
	2. 根据修剪要求准确分片	☐	
	3. 分线清晰、准确	☐	
发片提拉	1. 角度准确	☐	
	2. 一致	☐	
	3. 力度最小	☐	
剪切线	1. 剪切线准确	☐	
	2. 长短适宜	☐	

续表

项目	标准	评价	存在的问题、解决的方法及途径
修剪效果	1. 长短适宜	☐	
	2. 边线整齐	☐	
	3. 同位垂落	☐	
	4. 两侧对称	☐	
造型效果	1. 发丝光顺	☐	
	2. 发卷翻翘高度适宜	☐	
	3. 发梢走向、卷曲度一致	☐	
	4. 轮廓饱满	☐	
评定等级	优　秀☐ 良　好☐ 达　标☐ 未达标☐		

任 务 小 结

此任务操作时采用六分区,提拉角度控制在 45° 左右、切口与水平线的夹角控制在 45°～60°,运用指内夹剪方法完成。修剪时请顾客保持头部正直,每一片头发拉力尽量减小,以减少头发张力;每一片发片的提拉角度保持一致,确保发梢的层次衔接紧密、协调。吹风时,先用吹风机大风烘干头发,然后用排骨刷配合吹风机吹直、吹顺发丝,再对每一片发片配合滚刷吹卷发梢部分,使发梢向外卷,形成翻翘的效果,发梢翻翘的高度要一致,发梢的走向也要保持一致,发丝要光顺、有弹性。最后用大齿梳梳理发丝,喷发胶定型。

知 识 链 接

一、用电卷棒做外翻造型

电卷棒通电后,根据顾客头发质量的情况,设定所需的温度,放在安全的地方进行加热;用发梳分出一片1~2厘米厚的发片,梳平、拉直,左手的食指与中指拉住发片,右手握住电卷棒的手柄,打开电热棒与凹槽,把电热棒放在发片上,凹槽放在发片下,夹住头发,向上转动电卷棒一周以上,把发梢紧紧地缠绕在电热棒上,停留20~30秒,使发梢产生向外翻翘的效果;反复操作,可使向外翻翘的发卷达到一定的持久性,慢慢撤下电卷棒,冷却定型后再用大齿梳梳理头发(图3-81、图3-82)。

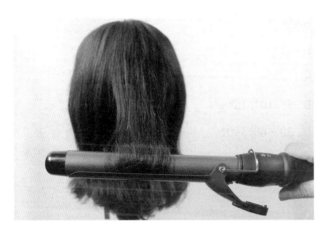

图 3-81

图 3-82

二、服务技巧——接待老顾客

迎宾:"您好,欢迎光临本店!"(迎宾注意站位和相应的手势)

顾客进美发店后,助理必须先带位安排茶水。

助理:"您好!我是本店的助理,我叫小林,请问怎么称呼您呢?"

顾客:"我姓王。"

助理:"王姐您好!请问您有指定的发型师吗?"(或者"以前,你喜欢哪个发型师为您服务呢?")

顾客:"有,是阿森。"

助理:"好的,请您稍候。"

阿森:"王姐您好,好久不见了,上次我给您做的发型满意吗?效果怎么样?"

顾客:"还行吧,同事都说挺好看的,可我自己觉得打理起来太麻烦了。"

阿森:"没关系,今天我帮您设计一款方便打理、效果又好的发型。"

顾客:"好吧。"

检测与练习

一、知识检测

（一）选择题

1. 修剪低层次中长发发型分（　　）发区。

A. 二个

B. 三个

C. 四个

D. 六个

2. 点剪时剪刀的倾斜角度有（　　）三种。

A. 0°、5°、10°

B. 5°、10°、15°

C. 10°、30°、60°

D. 30°、60°、90°

3. 滚刷的操作方法有（　　）。

A. 拉刷法

B. 翻刷法

C. 定滚法和行滚法

D. 行滚法和拉刷法

4. 造型时先用吹风机的大风烘干头发到（　　）程度。

A. 两三成干

B. 五六成干

C. 七八成干

D. 十成干

5. 修剪发帘时,请顾客保持头部（　　）位置。

A. 正直

B. 向后

C. 向左

D. 向右

（二）判断题

（　　）1. 点剪时剪刀倾斜 15°,应用于纤细柔软的头发。

（　　）2. 剪刀的朝向与头发朝向和提拉角度应该完全相同。

（　　）3. 滚刷的行滚法是先将头发卷绕在滚刷上不动,再用吹风机定型。

（　　）4. 修剪时左手用最小的拉力夹住发片。

（　　）5. 吹风对着顾客的头皮停留的时间越长,发型越牢固。

二、练习

1. 练习准确提拉发片 45°、60°,逐渐提高控制力和准确率。

2. 练习吹风机与排骨刷配合吹发片,拉直吹顺发丝。

3. 练习吹风机与滚刷配合,使发梢向外翻翘。

任务三　低层次短发剪吹造型

今天我们接待一位年轻女性顾客（图3-83），她头发的长度在肩部，发量中等，脸型较圆。顾客提出不想将头发修剪得太短。美发师决定采用低位垂落层次、指内夹剪方法为顾客修剪一款低层次短发发型（图3-84），这款发型不仅保留了头发长度，还满足了顾客有效修饰脸形的要求。

低层次
短发

图3-83

图3-84

学习目标

◎ 掌握低层次短发发式的修剪特点

◎ 能为顾客进行规范服务，保护好顾客衣物

◎ 正确领会修剪意图，制订修剪造型方案

◎ 能规范安全运用、正确清洁修剪工具

◎ 提拉角度控制在60°以内

◎ 准确控制头发拉力

◎ 按照规范的低层次发式修剪操作流程，运用夹剪法完成低层次短发剪吹造型任务

◎ 能按质量标准准确分析发式剪吹造型效果

◎ 保持个人仪表，环境干净整洁

知识技能准备

一、低层次短发发式特点

1. 正视发型

长度在下巴处,层次较低,左右对称,呈低菱形。

2. 侧视发型

发梢垂落在发型靠近边缘处一定的范围内,从而形成一种外短内长、不间断的表面堆积效果 (图 3-85、图 3-86)。

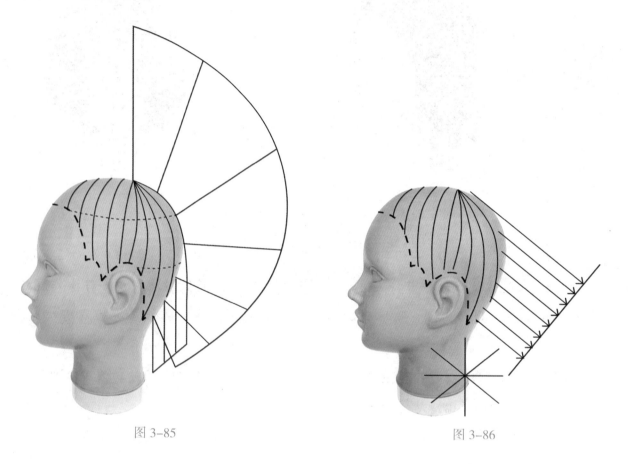

图 3-85　　　　　　　　　　　　　　　　　图 3-86

二、剪吹技巧

1. 牙剪的使用技巧

牙剪也称打薄剪,有多种密度的刀齿,使用时应符合发型的设计要求。宽齿的牙剪去除的发量较多,可以增加头发的断层效果,修剪出的头发长短明显,使头发呈现有规律的长短交替,从而使发型有明显的层次感。细齿的牙剪去除的发量较少,在发片内可以制造出许多细小的、长短不一的层次结构,可以精确调整发量,制造出轻薄细腻的纹理,使发型层次更加柔和。

2. 水平打薄处理 (图 3-87)

用于柔化发尾时,由下剪刀的位置向发尾逐渐加大发量的去除,这种方法通过去除发量,达到收缩发型轮廓厚度的效果 (图 3-88)。用于短发发型做水平打薄处理时,虽然减轻了发型的发量,反而使被打薄的短发产生了支撑力,产生了短推长的动态效果,可以使发型轮廓变得膨胀,发尾更有动感 (图 3-89)。

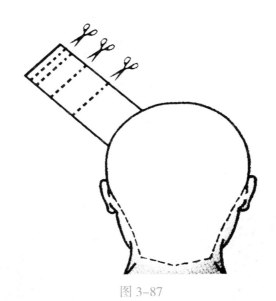

图 3-87

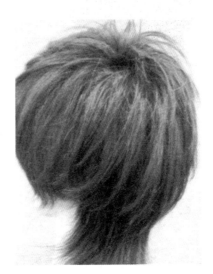

图 3-88　　　　　　　　　　　图 3-89

3. 斜向打薄处理

可以制造具有方向感的柔化的纹理,使用牙剪做不同深度的斜向打薄后,发尾可以产生不同的动态效果(图3-90至图3-92)。

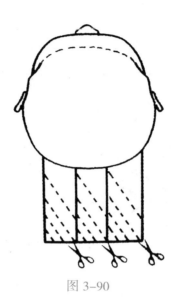

图3-90

图3-91

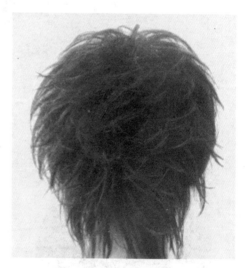

图3-92

三、修剪造型注意事项

1. 要达到修剪效果,操作时请顾客保持头位正直,不要向前、后、左、右倾斜。

2. 头发的提拉角度应保持在60°以内。

3. 修剪时对头发的拉力应尽量减小,并保持均匀一致。

4. 操作中随时掸干净顾客脖颈处、脸上的碎发,观察顾客感受,并及时调整。

5. 注意保持吹风机与头皮的距离,避免烫到顾客。

6. 发根处要饱满,发干垂直,发梢内扣。

7. 发丝要光顺。

任 务 实 施

一、咨询交流,确定修剪造型方案

(1) 与顾客沟通,了解顾客需求。

(2) 根据顾客需求、发质特点、脸形等条件提出建议,与顾客达成一致意见,从而确定修剪造型方案。

二、准备工作

1. 工具用品准备

准备修剪造型所需工具用品,放在工具车上,并推到工作位置。初步练习时一般使用教习发代替顾客,将教习发固定在合适的位置上。

2. 服务准备

(1) 洗发。

(2) 请顾客舒适地坐好,整理修剪围布,做好保护措施。询问松紧是否合适,并进行相应的调整。

(3) 将头发用毛巾擦去多余水分。

(4) 用宽齿梳将头发梳理通顺 (图 3-93)。

三、剪吹操作

1. 分发区

共分五个发区 (图 3-94)

2. 修剪引导线

(1) 分发片:在第一区的正中,分出 1~2 厘米厚的发片作为第一片发片,称为引导线 (图 3-95)。

（2）修剪引导线：提拉角度控制在60°以内，切口与水平线之间的夹角控制在45°～60°，修剪引导线（图3-96）。

图3-93

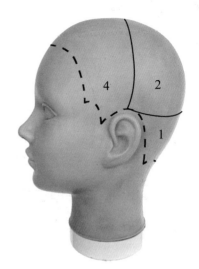

图3-94

图3-95

图3-96

提示

由于发片较宽，可以分多次修剪（以不超过食指长度的2/3为准），保持头发提拉角度，拉力降至最低。

3. 修剪层次

（1）修剪第一发区：依次分片，第二片发片提拉至与第一片发片之间的分线处，提拉角度控制在60°以内，切口与水平线的夹角控制在45°～60°，修剪发片。第三片发片提拉至与第二片发片之间的分线处进行修剪。左右两侧发际线处的发片要向中间提拉,使这两片头发被放长,并保证两侧长短对称(图3-97、图3-98)。

图3-97

图3-98

(2)修剪第二发区:提拉角度控制在45°~60°,切口与水平线的夹角控制在45°~60°,进行修剪。左右两侧发际线处的发片要向中间提拉,使这两片头发被放长,并保证两侧长短对称,完成第二区的修剪(图3-99至图3-101)。

图3-99

图3-100

图3-101

（3）修剪第三发区：先横分发片，与下面的头发进行衔接；再纵向分发片对本发区的头发抹角；查看左右两侧头发的长短是否一致（图 3-102 至图 3-104）。

（4）修剪第四发区：把第四区的头发向后梳，与后发区进行衔接（图 3-105）；将全部头发以 15° 向前梳理（图 3-106），水平剪切线进行修剪，使侧发区与后发区衔接；再纵向分发片，以 90° 提拉发片，切口与水平线垂直，进行修剪，把发片上面的尖角抹掉（图 3-107）。

图 3-102

图 3-103

图 3-104

图 3-105

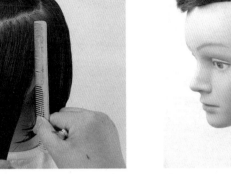

图 3-106　　　　　　　　　　　　　　　　　图 3-107

（5）修剪第五发区：修剪方法与第四发区相同（图 3-108、图 3-109）。

4. 调整顶部发量

所有顶部头发向上提拉，与水平线成 **90°**，修剪发尖，调整发量（图 **3-110**）。

图 3-108　　　　　　　　　　　　　　　　　图 3-109

图 3-110

5. 检查

用梳子将头发按自然流向梳顺,检查边线效果、层次,对比两侧是否对称。修剪后的效果如图 3-111 和图 3-112 所示。

图 3-111

图 3-112

6. 吹干头发,修剪边线

用大风快速吹干头发,使头发自然下垂,用剪刀修剪发型的外轮廓 (图 3-113)。

7. 打薄,调整发量

用牙剪在头发过厚的部位进行打薄,调整发量 (图 3-114)。

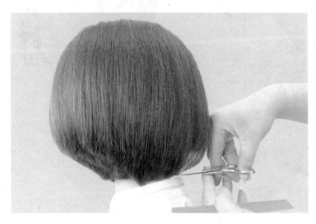

图 3-113

图 3-114

8. 吹风造型

按照发型设计的要求,从枕骨下方开始,先分出小于发刷的发片,使用九行刷,运用拉刷法,在拉顺发丝的同时,用吹风机配合烘干定型,吹蓬发根、吹顺发干、吹扣发梢,使发型的发丝光顺,轮廓饱满 (图 3-115、图 3-116)。

9. 结束工作

征求顾客意见,掸干净顾客脖颈处碎发,帮助顾客整理衣领,结账,送顾客离开。

图 3-115

图 3-116

四、整理工作

顾客离开后,按要求迅速整理工具用品和工作环境,保持工具用品干净、工作环境整洁,为下一次服务做好准备。

任 务 检 测

请针对评价标准仔细检查每一个内容,合格项打"✓"(表 3-5)。

表 3-5 任务评价表

项目	标准	评价	存在的问题、解决的方法及途径
个人仪表	1. 干净、整洁	☐	
	2. 符合企业要求	☐	
服务规范	1. 使用礼貌专业用语	☐	
	2. 服务热情、周到、规范	☐	
	3. 保证工作环境干净整洁	☐	
制定修剪方案	方案准确	☐	
工具用品	1. 齐全	☐	
	2. 干净	☐	
分区分片	1. 根据修剪要求准确进行分区	☐	
	2. 根据修剪要求准确分片	☐	
	3. 分线清晰、准确	☐	

续表

项目	标准	评价	存在的问题、解决的方法及途径
发片提拉	1. 角度准确	☐	
	2. 一致	☐	
	3. 力度最小	☐	
剪切线	1. 剪切线准确	☐	
	2. 长短适宜	☐	
效果	1. 长短适宜	☐	
	2. 边线整齐	☐	
	3. 同位垂落	☐	
	4. 两侧对称	☐	
造型效果	1. 发丝光顺	☐	
	2. 轮廓饱满	☐	
	3. 造型圆润	☐	
评定等级	优　秀☐ 良　好☐ 达　标☐ 未达标☐		

任 务 小 结

　　此任务操作时采用分区、分发片的方法,除顶部头发外,其他区域提拉角度控制在 60° 以内,切口与水平线的夹角控制在 45°～60°,进行修剪;运用指内夹剪方法。修剪时请顾客的头部保持正直,每一片头发拉力尽量保持到最小,以减少头发张力。每一片发片的提拉角度都应一致,确保发梢的层次衔接紧密、协调。吹风时用九行刷配合吹风机,分发片吹直、吹顺发丝,发根处要饱满,发梢部分要略向内扣。

知 识 链 接

一、低层次不同角度的效果

1. 发片提拉角度 10°~15°

头尾的重量集中在发型的边线部分（图 3–117），发型的顶部及脑后部轮廓平坦。

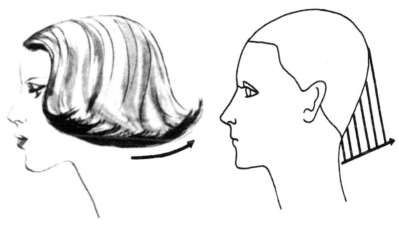

图 3–117

2. 发片提拉角度 30°

发尾的重量集中在枕骨以下（图 3–118），发型的顶部轮廓平坦，脑后枕骨下部的轮廓有圆弧感。

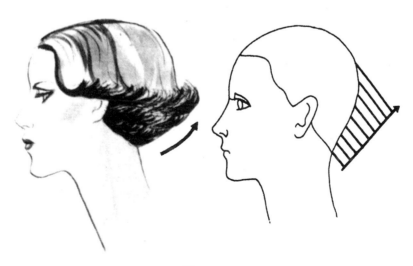

图 3–118

3. 发片提拉角度 45°

发尾的重量平均分配在枕骨附近（图 3-119），发型的顶部出现较少的层次，脑后枕骨部的轮廓有圆弧感。

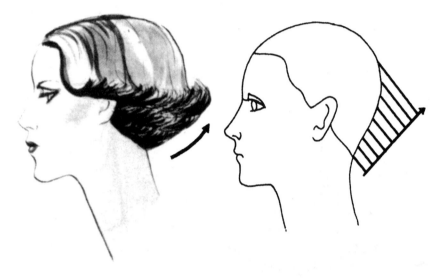

图 3-119

二、不同顾客类型的接待技巧

每个人都有自己的性格特点，想掌握顾客的心理实属不易。作为发型师应不断积累经验，从顾客的肢体语言及表现中能迅速地判断出顾客是哪种类型，并根据顾客的不同类型，采取不同的接待方式。

1. 性急型

此类顾客性情急躁，容易动怒，对其想要的服务应迅速接待并打招呼，使其觉得服务迅速，切莫让顾客感到不耐烦。

2. 慢性型

不易决定买卖或确定服务的种类。必须要有耐心倾听，再以诱导谈话方式，与顾客沟通，促使其接纳最合适的服务项目。

3. 沉默型

从其动作或表情中留意其关心事务及买卖动机。进行回答亦必须谨慎。对这类顾客，必须仔细观察其肢体语言。

4. 健谈型

有发表欲倾向的个性，很容易就能探察其动机及对产品意见，从其侃侃而谈当中，应该不难掌握其偏好。

5. 踌躇型

眼神不定,难做决定,必须详细说明产品形式、颜色、效果或服务形态内容,并设法排除其抵抗心理,只要其心中有安全感,必能两全其美。

6. 严肃型

外表斯文,自尊心较强,好顾面子,所以在交谈时要客气谨慎。

7. 疑心型

因为这类顾客难以相信别人,故需了解其疑问点,并耐心地说明,解开其心中的疑问,对方即能在体会品质及服务内容后,成为长期顾客。

8. 挑剔型

对此类顾客,切忌多言或与其辩论,应细心听取其批评意见,了解其内心偏执的原因,这类型的顾客会因为了解服务特点而转变态度进而广泛宣传。

检测与练习

一、知识检测

(一) 选择题

1. 牙剪有一片刀片成锯齿状,故剪切后头发(　　　)。

A. 长短一致　　　　　　　　　　　　B. 长短不齐

C. 薄厚相间　　　　　　　　　　　　D. 虚实相宜

2. 在给顾客用打薄剪打薄头发时一般不会在(　　　)部位打薄。

A. 发尾　　　　　　　　　　　　　　B. 发中

C. 发根　　　　　　　　　　　　　　D. 发干

3. 剪发设计必须考虑头发的长短、(　　　)、发量的多少和厚薄等因素。

A. 细软　　　　　　　　　　　　　　B. 粗细

C. 曲直　　　　　　　　　　　　　　D. 性质

4. 吹风时,吹风机不能在(　　　)停留时间过长,距离过近。

A. 发尾　　　　　　　　　　　　　　B. 发中

C. 发根　　　　　　　　　　　　　　D. 发干

5. 分发片修剪时,若发片较宽,可分多次修剪,以(　　　)长度为准。

A. 不超过食指长度的 1/2　　　　　　B. 不超过食指长度的 2/3

C. 不超过 3 厘米　　　　　　　　　　D. 与食指长度一致

(二) 判断题

(　　　)1. 毛流不顺的头发在发旋处不能修剪得太短。

（　　）2. 打薄头发只能用牙剪。

（　　）3. 在修剪过程中需要顾客的头部位置配合时，发型师可以随意推动顾客的头部。

（　　）4. 吹风时不用大风烘干头发，直接分发片吹造型。

（　　）5. 修剪工具包括剪刀、剪发梳、削刀、牙剪和推子。

二、练习

1. 练习准确提拉发片，逐渐提高控制力。

2. 练习打薄剪的调整发尾处发量的方法。

3. 练习吹风机与九行刷配合吹光、吹顺发丝。

项目四 **高层次发式剪吹造型**

本项目主要通过完成高层次长发、高层次中长发、高层次短发三个发式剪吹造型典型任务（图 4-1 至图 4-3 ），学习高层次发式剪发吹风基础知识，指外夹剪、滑剪、做花、波纹梳理和徒手造型等发式修剪、吹风造型技法；塑造体现层次感、轻盈感、纹理和方向性动感效果的发型。通过对这三个任务的学习，同学们应掌握高层次发式剪吹造型的工作流程和修剪造型的质量标准。

图 4-1

图 4-2

图 4-3

项目目标

◎ 理解顾客意图,制定准确的修剪造型方案

◎ 能正确理解头发提拉角度与层次形成的关系

◎ 了解滑剪等操作技法

◎ 能按照高层次发式的剪吹操作程序,正确运用修剪吹风造型工具和夹剪、波浪梳理、徒手造型等技法,完成发式修剪造型工作

◎ 能准确地对修剪方法、发式特点和层次、边线效果进行分析,具有自我评价和审美能力

◎ 能运用专业知识、规范热情地为客人进行服务,准确解答客人问题

◎ 熟练掌握剪刀等工具使用方法,保持环境整洁

工作要求 （表 4-1）

表 4-1　工作要求表

内容	要求
准备工作	1. 修剪造型方案合理 2. 工具与用品齐全、卫生 3. 防护措施到位
操作	1. 工具选择正确、运用规范 2. 分区、分线位置准确清晰 3. 操作程序正确 4. 技法运用恰当 5. 适时沟通
操作结束	1. 工具、用品归位,摆放整齐 2. 工作环境干净、整洁
效果	1. 轮廓线圆顺、左右对称、层次衔接 2. 线条流畅,轮廓饱满 3. 发型美观、顾客满意

工作流程

1. 确定修剪造型方案
2. 修剪造型准备：按要求准备工具用品、为顾客做好防护措施
3. 修剪造型操作：分发区→确定长度→单区修剪→单区检查调整→逐区修剪检查→全头检查调整→吹风造型
4. 结束工作：整理清洁工具用品

任务一　高层次长发剪吹造型

今天我们接待一位长发女士顾客，她身高中等、发量多，头发显得厚重（图4-4）。顾客想保留头发长度，减少一些发量。根据顾客的要求，美发师决定采用高层次夹剪方法为顾客修剪一款轮廓为椭圆的长发（图4-5），体现头发层次感、内圈丰满，有效修饰脸形、头形。

高层次
长发

图 4-4

图 4-5

学习目标

◎ 掌握高层次长发发式的特点

◎ 了解滑剪技法的种类及方法

◎ 能为顾客进行规范服务，保护好顾客衣物

◎ 正确领会修剪意图，能制订修剪造型方案

◎ 能规范、安全地运用修剪工具及吹风工具

◎ 掌握修剪时头发正确的提拉角度，准确控制头发拉力

◎ 掌握吹风造型中推、滚、拉等吹风造型技巧

◎ 能按照规范的操作流程,运用指外夹剪　　◎ 能按质量标准准确分析发式修剪效果
　　完成高层次长发修剪造型任务　　　　　　◎ 保持个人仪表,环境干净整洁

知识技能准备

一、高层次长发造型特点

高层次发型轮廓为拉长的椭圆形,结构上短下长,发型纹理是活动的,发梢清晰可见,不互相叠加。大多数发型在修剪时,由于头发是顺着头部曲线扩散出去,形成一种轻叠的效果。高层次长发造型外轮廓呈现上部饱满、下部内收的形状 (图4-6)。

二、一点放射分发片方法

方法:从一个点向发际线四周各个点连线 (图4-7)。

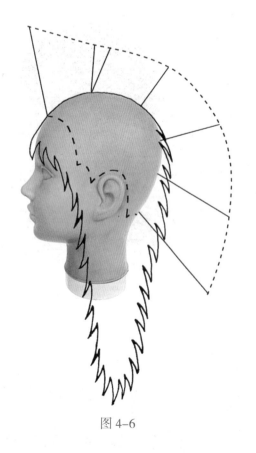

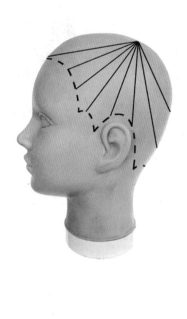

图 4-6　　　　　　　　　　　　　　　图 4-7

三、指外夹剪

指外夹剪是一种常用技法,适用于剪断头部位置较高处头发。方法是手心朝向头部、手背向外,食指和中指夹住发片,剪刀在手指外侧剪断头发(图4-8)。

图 4-8

四、上挑式滑剪

剪刀张开插入发梢沿着内侧滑过,减轻发梢发量的多少,取决于修剪时剪刀张开的角度(图4-9)

图 4-9

五、吹风造型技术

推法：梳齿插入头发向前做水平线或斜线推动，使部分头发向下凹陷，形成一道波纹（图4-10）。

图4-10

六、修剪造型注意事项

（1）要达到修剪效果，操作时提拉角度要正确，提拉角度由高到低逐渐减小，头发由顶部开始逐渐放长。

（2）分片要均匀，剪切线位置准确。

（3）修剪时头发拉力保持均匀一致。

（4）操作中随时掸干净顾客脖颈处、脸上的碎发，观察顾客感受，及时调整工作。

（5）吹风造型时，顶部发根蓬松，发干拉顺，将头发提至剪切线处，发梢内卷。

任 务 实 施

一、咨询交流，确定修剪造型方案

（1）与顾客沟通，了解顾客需求。

（2）根据顾客需求、发质特点、脸形等条件提出建议，与顾客达成一致意见，从而确定修剪造型方案。

二、准备工作

1. 工具、用品准备

准备修剪所需工具、用品 (图 4-11),放在工具车上,并推到工作位置。初步练习时一般使用教习发代替顾客,将教习发固定在合适的位置上。

图 4-11

2. 服务准备

(1) 洗发。

(2) 请顾客舒适地坐好,整理修剪围布,做好保护措施。询问围布松紧是否合适,并及时进行调整。

(3) 用毛巾擦去头发中多余的水分。

(4) 用宽齿梳将头发向后梳理通顺。

三、剪吹操作

1. 十字分区

从前额中点开始经过黄金点,与颈部点连线,然后两耳点与黄金点连线,将头分为四个发区 (图 4-12)。

2. 分发片、修剪

以黄金点为准放射分发片,发片厚度为 1 厘米。修剪时发片垂直于黄金点提拉,切口为渐增切口 (图 4-13 至图 4-14)。

3. 放射分发片修剪,剪完全头 (图 4-15 至图 4-17)

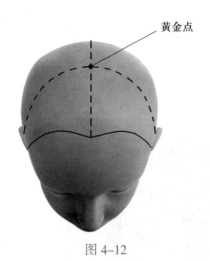

黄金点

图 4-12

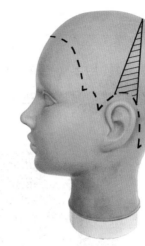

图 4-13

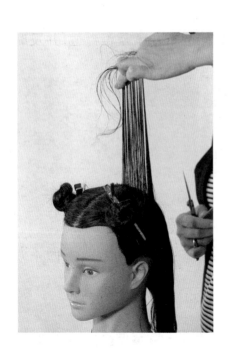

图 4-14

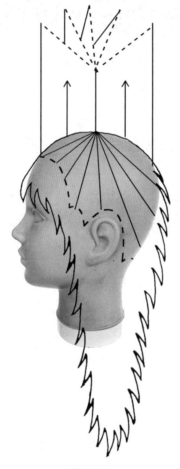

图 4-15

图 4-16

4. 检查修剪的切口,切口呈"V"形(图4-18)

5. 梳理、观察

用梳子将头发按自然流向梳顺,观察边线效果、层次,对比两侧是否对称,头发长度由内圈到外圈渐增(图4-19)。

图4-17

图4-18

6. 修剪完后,吹干头发(图4-20)

7. 精剪

用滑剪方法调整发量多的部位,如发梢、发帘或侧部(图4-21)。

图4-19

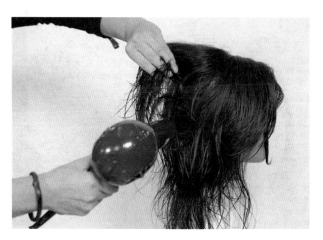

图4-20

请根据表 4-2 检查自己的工作。

表 4-2　技能检测表

要求	评价	
	是	否
头发边线两侧对称	☐	☐
层次衔接自然	☐	☐
层次高度准确	☐	☐

8. 按发型要求吹风造型

将头发拉顺,发梢形成内弧线 (图 4-22 至图 4-23)。顶部头发拉至修剪时的角度将发梢向内卷。两侧向面部方向扣吹,形成向前扣的弧线 (图 4-24 至图 4-25)。

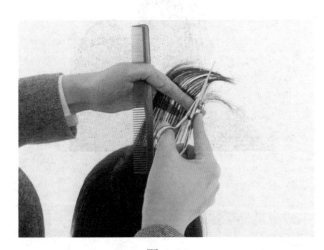

图 4-21

图 4-22

图 4-23

图 4-24

图 4-25

9. 完成造型效果

见图 4-26 至图 4-28

10. 结束工作

征求顾客意见,掸干净顾客脖颈处的碎发,帮助顾客整理衣领,结账、送顾客离开。

图 4-26

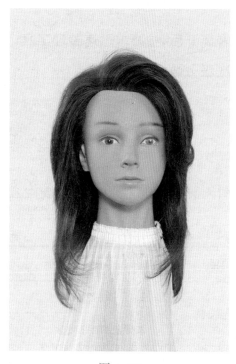

图 4-27

图 4-28

四、整理工作

顾客离开后,按要求迅速整理工具、用品和工作环境,保持工具、用品干净,工作环境整洁,为下一次服务做好准备。

任 务 检 测

请针对评价标准（表 4-3）仔细检查每一个内容,合格项打"√"。

表 4-3　任务评价表

项目	标准	评价	存在的问题、解决的方法及途径
个人仪表	1. 干净、整洁	□	
	2. 符合企业要求	□	
服务规范	1. 使用礼貌专业用语	□	
	2. 服务热情、周到、规范	□	
	3. 保证工作环境干净整洁	□	

续表

项目	标准	评价	存在的问题、解决的方法及途径
制定修剪造型方案	方案准确	☐	
工具用品	1. 齐全	☐	
	2. 干净	☐	
分区分片	1. 根据修剪要求准确进行分区	☐	
	2. 根据修剪要求准确分片	☐	
	3. 分线清晰、准确	☐	
发片提拉	1. 角度准确	☐	
	2. 一致	☐	
	3. 力度适中	☐	
剪切线	1. 剪切线准确	☐	
	2. 长短适宜	☐	
效果	1. 长短适宜	☐	
	2. 边线圆顺	☐	
	3. 高位垂落	☐	
	4. 两侧对称	☐	
	5. 发丝光顺、线条清晰	☐	
评定等级	优　秀☐ 良　好☐ 达　标☐ 未达标☐		

任 务 小 结

　　此任务操作时采用十字分区,以黄金点为准放射分发片,渐增切口修剪,剪后形成高位垂落效果。吹风造型后,发根蓬松,发干拉顺,发梢内扣。

知 识 链 接

一、滑剪的作用

减轻头发的密度,能调整发型轮廓,营造发束感,调整动感。

二、滑剪技巧

滑剪时,剪刀略张开,从发束上滑过,使发尾产生轻柔飘顺的效果。滑剪法是由短发连接长发,不会失去太多发量但又能保持发长的技巧。这种技巧通常运用在打薄上。滑剪打薄时会让头发呈现轻微的连接感和方向感,所以在运用时应注意其方向的流向。

1. 下滑式滑剪

剪刀从上向下滑剪,对发束的表面进行处理,使发尾产生轻而尖的效果 (图 4-29)。

图 4-29

2. 扭式滑剪

将发束扭成绳状进行由上向下的下滑剪,可使发尾产生笔尖状的效果 (图 4-30)。

3. 上滑剪

竖或斜分发片,剪刀从发尾向发根滑动,使头发产生参差的效果 (图 4-31)。

图 4-30　　　　　　　　　　　　　　　　　图 4-31

三、服务技巧——顾客服务中易出现的问题

（1）让来找自己的顾客干等，既不去安抚，也不请别的美发师助理提供帮助。

（2）自己的顾客被其他的美发师服务后，这名顾客再来时就爱理不理，不打招呼，认为这是顾客的不忠或背叛。

（3）不肯帮助同事，不是自己的顾客，任由其自己进来、出去，只忙自己的事，不愿帮忙招呼接待。

（4）顾客进门时，只是看其一眼，也不打一声招呼。

（5）把生活中的情绪带到工作中来，总是让顾客看到一张生气的脸。

（6）与顾客发生争论。

（7）上班时无精打采。

（8）未经顾客允许，随意翻看或拿、动顾客的物品。

（9）吃着东西和顾客谈话或介绍产品。或嘴里嚼着口香糖为顾客提供服务。

（10）预约好顾客自己却迟到。

（11）当着顾客的面评论顾客或在顾客面前评论其他的顾客。

（12）在顾客面前讲他人隐私或问顾客隐私。

（13）对顾客的提问一问三不知或不屑于回答。

（14）为顾客提供服务时喋喋不休、说个不停，使顾客无法安静地休息。

（15）为顾客提供服务时，减少环节，不按规定程序工作。

检测与练习

一、知识检测

（一）选择题

1. （　　）层次发型轮廓为拉长的椭圆形,结构为上短下长,发型纹理是活动的,发梢清晰可见,不互相叠加。

A. 高 　　　　　　　　　　　　　B. 低

C. 零度 　　　　　　　　　　　　D. 均等

2. 上滑剪是竖或斜分发片,剪刀从发尾向发根滑动,使头发产生（　　）的效果。

A. 参差 　　　　　　　　　　　　B. 整齐

C. 内长外短 　　　　　　　　　　D. 外长内短

3. 扭式滑剪是将发束进行（　　）由上向下的下滑剪,可使发尾产生笔尖状的效果。

A. 编结 　　　　　　　　　　　　B. 缠绕

C. 扭成绳状 　　　　　　　　　　D. 拉直

4. 下滑式滑剪是剪刀从上向下滑剪,对发束的表面进行处理使发尾产生（　　）的效果。

A. 重而齐 　　　　　　　　　　　B. 轻而尖

C. 轻而齐 　　　　　　　　　　　D. 重而尖

5. （　　）层次发式外轮廓呈现上部饱满、下部内收的形状。

A. 均等 　　　　　　　　　　　　B. 低

C. 零度 　　　　　　　　　　　　D. 高

（二）判断题

（　　）1. 在修剪高位垂落发型时,由于头发是顺着头部曲线扩散出去,纹理是活动的,其发梢清晰可见,不互相叠加。

（　　）2. 在修剪高位垂落发型过程中,手指和剪刀位置可以是平行的,也可以是不平行的,主要取决于具体的设计和所要求的头发层次程度。

（　　）3. 滑剪法是由极短发连接极长发,会失去太多重量但能保持发长的技巧。

（　　）4. 将发片或发束提升至较高的角度,从内侧向上滑剪,使发片的内侧产生轻薄的感觉是下滑式滑剪。

（　　）5. 修剪时角度由高逐渐降低,头发由顶部短发逐渐放长。

二、练习

1. 在教习头上练习竖分发片。

2. 练习提拉发片,提高控制力。

任务二　高层次中长发剪吹造型

　　今天我们接待一位长发女士,她外形优雅柔和,有着古典美的气质(图4-32)。根据顾客特点,美发师决定采用高层次夹剪方法为她修剪一款蓬松适度的中长发型,并进行波纹造型,体现头发层次感,有效修饰脸形、头形(图4-33)。

高层次
中长发

图 4-32

图 4-33

学习目标

◎ 掌握发型特点和修剪造型方法

◎ 能为顾客进行规范服务,保护好顾客衣物

◎ 正确领会顾客意图,能制定修剪造型方案

◎ 掌握提拉角度,能准确控制头发拉力

◎ 基本掌握梳理波纹的操作方法

◎ 能按照规范的操作流程,运用指外夹剪方法完成高层次中长发造型任务

◎ 能按质量标准准确分析发式剪吹造型效果

◎ 保持个人仪表,环境干净整洁

知识技能准备

一、高层次中长发修剪特点

发型顶部头发稍短、蓬松,层次适中,凸显发量;发尾轻盈,修饰两颊。既保留发长又修饰头形和脸形 (图 4-34)。

二、中心提拉法

中心提拉发片是将发片和头皮成 90 度拉出裁剪的方式 (图 4-35)。

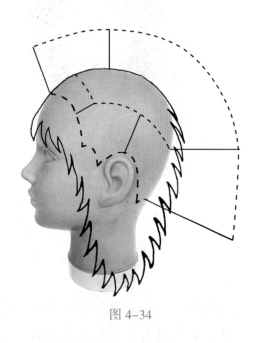

图 4-34

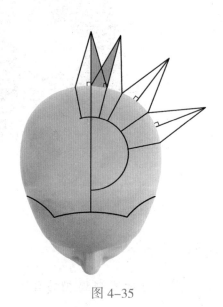

图 4-35

1. 操作方法

(1) 在要修剪的发区中,分出 1 厘米厚的发片,用来作为基准的发片,称为 A 发片,对着头皮成 90° 拉出。修剪出基本长度。

(2) 将 A 发片分成两半,与接下来要修剪的 B 发片梳在一起。

(3) 将 A 发片分出的头发长度,作为修剪 B 发片的基准线。这样逐片修剪出基本长度。

2. 注意事项

分发片的厚度基本上为 1～2 厘米。因为,在修剪过程中,分发片太厚会造成基本引导线的偏差。修剪后的头发长度就会参差不齐。

三、波纹造型的特点

波纹式发型是由基础卷发通过加工梳理而成的。操作时根据发卷的卷曲方向、大小决定梳理波纹的大小。

四、做发卷注意事项

(1) 应在湿的头发上做卷。

(2) 发卷应卷基面,做卷时,分发片的宽度与厚度,横线下超发卷的长度,竖线不超发卷直径。

(3) 卷发时发丝向上提拉,提拉角度大于等于90°。

(4) 两侧发区从头缝位置开始各自向下方做卷。

(5) 后发区采用砌砖法,由上向下逐层做卷。

(6) 发卷卷完后,罩上发网,外围垫好干毛巾,用烘发机吹干头发。

五、做发卷的操作方法

(1) 分发片,发片厚度与发卷的直径同宽。提拉角度大于90°,将发卷放在发梢处(图4-36、图4-37)。

图 4-36

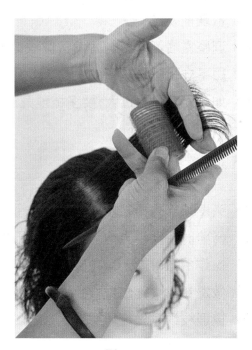

图 4-37

（2）将发梢顺入发卷内后，卷到发根（图 4-38、图 4-39）。

图 4-38

图 4-39

六、梳理波纹顺序及注意事项

（1）先梳理后发区，由上向下梳理。

（2）梳理左右侧发区。

（3）梳理前发区。

（4）调整左右侧发区与后发区波纹的连接效果。

（5）由下向上拆去吹干的发卷。

（6）如果发花弹力过大，要多梳理几遍，用来减小发花弹力，以便梳理出波纹。

七、修剪造型注意事项

（1）头发顶部的提拉角度采用 90°，提拉角度要准确。

（2）修剪时头发拉力均匀一致，使用中心提拉法修剪。

（3）操作中随时掸干净顾客脖颈处、脸上的碎发，观察顾客感受，及时调整操作。

（4）做发卷时头缝出提拉角度大于 90°。

（5）梳理波纹时先梳理后发区，由上向下梳理。

任 务 实 施

一、咨询交流，确定修剪造型方案

（1）与顾客沟通，了解顾客的需求。

（2）根据顾客的需求、发质特点、脸形等条件提出建议，与顾客达成一致意见后确定修剪造型方案。

二、准备工作

1. 工具、用品准备

（1）准备修剪所需的工具、用品，放在工具车上，并推到工作位置（图 4-40）。

图 4-40

（2）初步练习时一般使用教习发代替顾客，将教习发固定在合适的位置上（图 4-41）。

2. 服务准备

（1）洗头。

（2）请顾客舒适地坐好，整理修剪围布，做好保护措施。询问围布松紧是否合适，进行相应的调整。

图 4-41

三、剪吹操作

1. 分区,确定引导线

分出三角形顶发区,周围头发自然垂落 (图 4-42、图 4-43)。

图 4-42

图 4-43

2. 修剪轮廓线

逐层向前横分发片,提拉角度为 90°,与引导线长度一致进行修剪(图 4-44、图 4-45)。

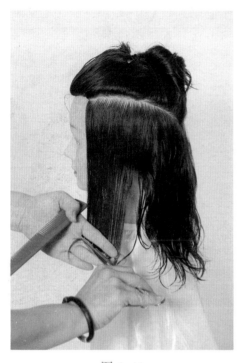

图 4-44

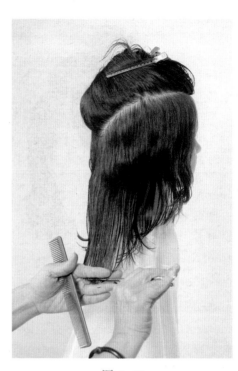

图 4-45

3. 修剪下面的发区

从后颈部中点竖分发片,中心提拉,垂直剪口,修剪下面的发区(图 4-46、图 4-47)。

4. 修剪发帘区

三七分缝,提拉角度为 90°,平行切口修剪(图 4-48、图 4-49)。

图 4-46

图 4-47

图 4-48

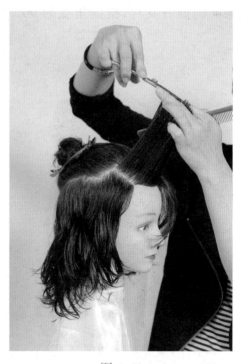

图 4-49

5. 修剪顶部发区

在黄金点取一束小发束定长度 (图 4-50),以黄金点为中心放射分发片,连接下面发区与顶部黄金点的长度,进行修剪 (图 4-51、图 4-52)。

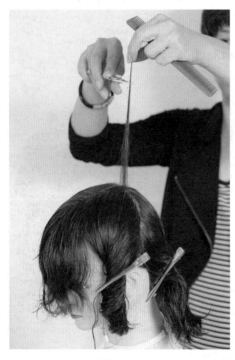

图 4-50

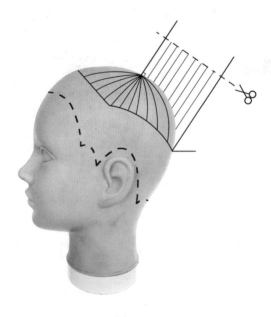

图 4-51

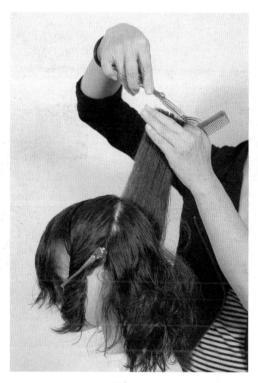

图 4-52

6. 修剪完成 (图 4-53 至图 4-55)。

7. 精剪

调整发量,使发梢柔和、衔接顺畅 (图 4-56)。

图 4-53

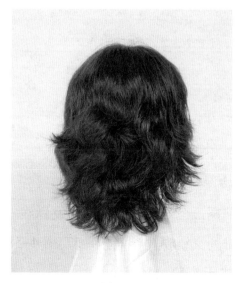

图 4-54

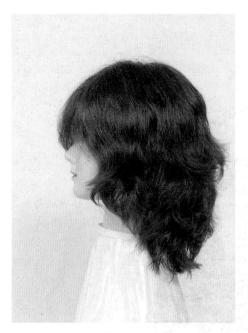

图 4-55

图 4-56

请根据下面的表格检查自己的工作（表 4-4）。

表 4-4　技能检测表

要求	评价	
	是	否
以顶点为中心放射分片，分线清晰	☐	☐
发片厚度均匀	☐	☐
发片提拉拉力适度、一致	☐	☐
提拉角度准确	☐	☐
层次衔接自然	☐	☐

8. 按发型要求做卷

从前额三七分缝位置开始沿发际线做发卷，大边卷六个发卷，小边卷四个发卷。后发区采用砌砖排列交错卷发卷（图 4-57、图 4-58）。

9. 烘干头发

调节温度、时间，烘干顾客头发（图 4-59、图 4-60）。

图 4-57

图 4-58

图 4-59

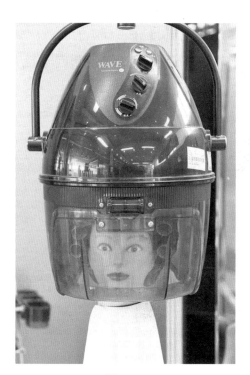

图 4-60

10. 拆发卷

待头发冷却后,从下至上拆发卷(图4-61)。

11. 将全部的头发,用发刷由上向下梳理通顺。

12. 梳理波纹

把发梳插入波谷,梳背下压波谷,梳齿上翘挑起波峰,形成第一道波浪;发刷从第一道波峰处绕半圆向下梳,形成第二道波纹(图4-62)。

图4-61

图4-62

13. 全头梳理

发刷从第二道波峰处绕半圆向下梳,形成第三道波纹(图4-63)。用此方法反复梳理,直到波纹设计部位(图4-64)。

图4-63

图4-64

14. 调整定型

发刷逐步按压每道波谷,用无声吹风机吹波峰,调整波纹,使其饱满自然(图4-65、图4-66)。

图 4-65

图 4-66

15. 梳理完成造型

完成波纹发型的基本造型,最后进行全面检查,使发型更为完整、美观(图4-67至图4-69)。

图 4-67

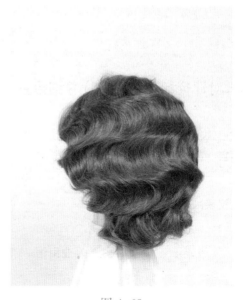

图 4-68

图 4-69

16. 结束工作

征求顾客意见。顾客满意后,摘掉围布、毛巾,帮助顾客整理衣领,协助顾客取衣物、结账,送顾客离开。

四、整理工作

顾客离开后,按要求迅速整理工具、用品和工作环境,保持工具、用品干净,工作环境整洁,将美发椅上的头发掸干净,为下一次服务做好准备。

任务检测

请针对评价标准(表 4-5)仔细检查每一个内容,合格项打"√"。

表 4-5   任务评价表

项目	标准	评价	存在的问题、解决的方法及途径
个人仪表	1. 干净、整洁	☐	
	2. 符合企业要求	☐	
服务规范	1. 使用礼貌专业用语	☐	
	2. 服务热情、周到、规范	☐	
	3. 保证工作环境干净整洁	☐	

续表

项目	标准	评价	存在的问题、解决的方法及途径
制定修剪方案	方案准确	☐	
工具用品	1. 齐全	☐	
	2. 干净	☐	
分区分片	1. 根据修剪要求准确进行分区	☐	
	2. 根据修剪要求准确分片	☐	
	3. 分线清晰、准确	☐	
发片提拉	1. 角度准确	☐	
	2. 力度适中	☐	
造型技巧	1. 波纹发型基本完成	☐	
	2. 纹理均匀	☐	
效果	1. 轮廓饱满	☐	
	2. 边线圆顺	☐	
	3. 层次衔接,高位垂落	☐	
	4. 两侧对称	☐	
评定等级	优 秀☐ 良 好☐ 达 标☐ 未达标☐		

任 务 小 结

此任务操作时采用两分区、顶部 90° 向上提拉,一点放射分片、中心提拉发片、反头形曲线连接边线。修剪时请顾客头部保持正直,每一片头发拉力、提拉角度均应保持一致。造型时,采用做发卷、刷波纹二次的造型手法,完成波纹发型。

知 识 链 接

一、手指盘扁卷技法

是二次造型的一种方法,烫后的头发经手指盘扁卷的加工,吹干发卷,再梳理成波纹造型。手指扁卷技法有正、反之分,顺时针卷为正卷,逆时针为反卷,扁卷形体大小决定波纹的宽窄。

1. 方法

分1~2厘米方形小发束,向上梳顺发丝。提拉角度90°,用手指与分发梳相互配合,由发梢盘卷至发根形成发卷,用卡子固定。

2. 提示

发梢要顺发卷卷入(图4-70至图4-72)。

  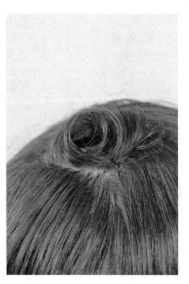

图4-70　　　　　　　　　图4-71　　　　　　　　　图4-72

二、手指盘扁卷排卷方法

分三七缝,形成大小两侧发区和后发区,从大边侧发区上面开始,第一排卷两个正卷,第二排卷反卷,以此类推,一排正、一排反向后排列,至波纹设计部位(图4-73至图4-75)

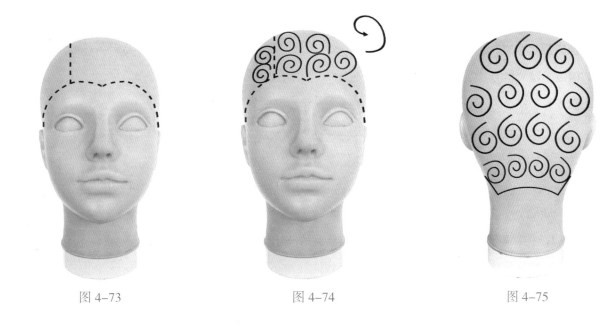

图 4-73　　　　　　　　　　图 4-74　　　　　　　　　　图 4-75

三、服务技巧——服务"问题"型顾客

"问题"型顾客指的是顾客的发质、头形或头部骨骼存在问题,需要经过特殊处理才能体现发型效果的顾客。美发师要让顾客认识到问题的成因,并且用专业知识来说明如何解决这些问题,将专业知识以简单的方式让顾客理解。

例如,很多梳理短发或中长发的顾客,头旋位置的头发总会出现层次不连接或脱节上翘的问题,使发型不够美观。对于这样的问题,美发师了解后在修剪的时候,对头发的长度及角度的提升等都要进行特殊的处理,才能保证不会出现这种情况。因此,就一定要在特殊处理的过程中来为顾客进行讲解,一边提拉头发一边告诉顾客,用多大角度提升,怎样进行剪切。

检测与练习

一、知识检测

(一) 选择题

1. 中心提拉法是将一片头发拉至 (　　) 位置剪切。

A. 发片任意点　　　　B. 发片左侧　　　　　　C. 发片中心点　　　　D. 发片右侧

2. 吹干的发卷,拆去发卷的次序为 (　　)。

A. 由上向下　　　　　B. 由左向右　　　　　　C. 由下向上　　　　　D. 任意

3. 梳理波纹做卷时,头发要 (　　)。

A. 湿润　　　　　　　B. 干燥　　　　　　　　C. 八成干　　　　　　D. 有湿有干

4. 发卷基面是指（　　）。

A. 横线超发卷的长度，竖线不超发卷的直径

B. 横线不超发卷的长度，竖线超发卷的直径

C. 横线等于发卷的长度，竖线等于发卷的直径

D. 横线小于发卷的长度，竖线小于发卷的直径

5. 塑造蓬松的效果时，卷发时的提拉角度为（　　）。

A. 90°　　　　　　　　B. 30°　　　　　　　　C. 15°　　　　　　　　D. 0°

（二）判断题

（　　）1. 手盘扁卷的方法是分小发束，向上梳顺发丝、提拉90°，向内卷发卷，用卡子固定。

（　　）2. 放射分片：从一点向发际四周各点连线。

（　　）3. 波纹造型加工方法有烫后直接吹梳波纹造型、手盘扁卷造型、塑料卷造型。

（　　）4. 做完发卷后，要先将头发吹干，再梳理波纹。

（　　）5. 做卷时对角度不用过多考虑。

二、练习

1. 在教习头上练习卷发卷并能正确排列。

2. 每天练习波浪的梳理方法。

3. 练习提拉发片，提高控制力。

任务三　高层次短发修剪造型

今天我们接待一位中长发女士（图4-76）。她喜爱运动，希望剪一款短发，有动感、发尾轻薄，易于打理。根据顾客的特点，美发师决定采用高层次、指外夹剪方法为她修剪一款顶部蓬松的短发，来体现头发的层次感、动感，有效修饰脸形、头形（图4-77）。

高层次
短发

图4-76　　　　　　　　　　　　　　　　　　　图4-77

学习目标

◎ 掌握高层次短发发型特点和修剪造型方法

◎ 能为顾客进行规范服务,保护好顾客衣物

◎ 正确领会修剪意图,能制订修剪造型方案

◎ 正确掌握提拉角度,能准确控制头发拉力

◎ 掌握徒手造型的方法

◎ 能按照规范的操作流程,运用指外夹剪方法完成高层次短发修剪造型任务

◎ 能按质量标准准确分析发式修剪造型效果

◎ 保持个人仪表,环境干净整洁

知识技能准备

一、高层次短发修剪造型特点

发型顶部头发较短、蓬松,凸显发量;发尾轻盈,修饰两颊（图 4-78）。

二、动感徒手造型方法

利用工具与手配合进行造型的方法。

1. 吹风时手抓法

见图 4-79、图 4-80。

2. 涂抹造型品造型方法

搓、捻、抹、捏（图 4-81 至图4-84）。

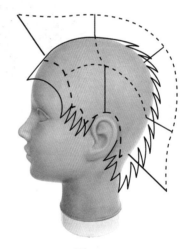

图 4-78

图 4-79

图 4-80

图 4-81

图 4-82

图 4-83

图 4-84

三、修剪造型注意事项

（1）头发顶部的提拉角度采用 90°，提拉角度要准确。

（2）修剪时头发拉力均匀一致，使用中心提拉法，发片采用竖分发片。

（3）操作中随时掸干净顾客脖颈处、脸上的碎发，观察顾客感受，及时调整操作。

（4）徒手造型时造型品不要涂到发根处。

任务实施

一、咨询交流,确定修剪造型方案

(1) 与顾客沟通,了解顾客的需求。

(2) 根据顾客的需求、发质特点、脸形等条件提出建议,与顾客达成一致意见后确定修剪造型方案。

二、准备工作

1. 工具、用品准备

(1) 准备修剪所需的工具、用品,放在工具车上,并推到工作位置(图4-85)。

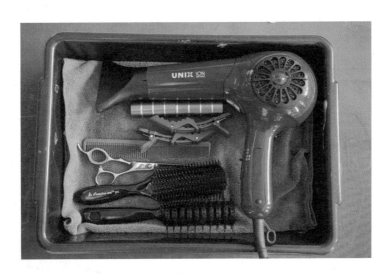

图 4-85

(2) 初步练习时一般使用教习发代替顾客,将教习发固定在合适的位置上(图4-86)。

2. 服务准备

(1) 洗发。

(2) 请顾客舒适地坐好,整理修剪围布,做好保护措施。询问围布松紧是否合适,并进行相应的调整。

图 4-86

三、剪吹造型操作

1. 分区

两额角向后分 U 形发区，经骨梁区与后枕骨连接成三角形发区 (图 4-87 至图 4-89)。

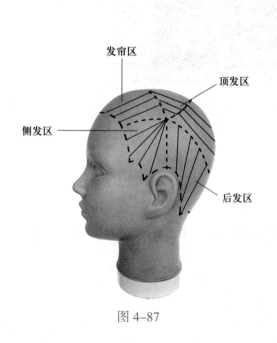

图 4-87

图 4-88

2. 确定引导线

在颈部正中分出引导线,发片垂直头皮梳出,渐增切口剪切 (图 4-90)。

图 4-89

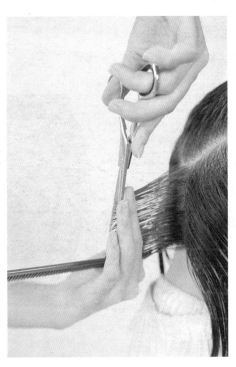

图 4-90

3. 修剪左侧发区

从转角点放射分发片,发片垂直头皮梳出,平行切口 (图 4-91、图 4-92)。

图 4-91

图 4-92

4. 修剪后发区

右后发区：按照左侧引导线修剪，发片垂直头皮梳出，渐增切口（图4-93、图4-94）。用同样的方法修剪左后发区（图4-95至图4-96）。

5. 修剪右侧发区

方法修剪同左侧发区一致。

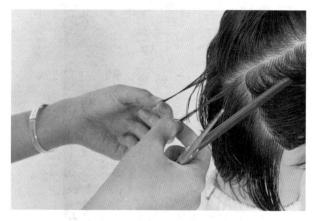

图4-93

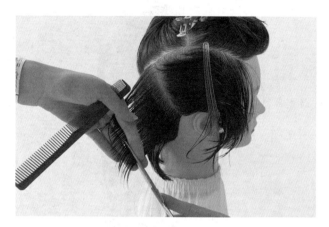

图4-94

图4-95

图4-96

6. 修剪顶发区

顶区纵向分发片,提拉角度 90 度,切口平行分线修剪。(图 4-97、图 4-98)

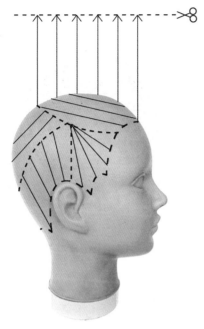

图 4-97

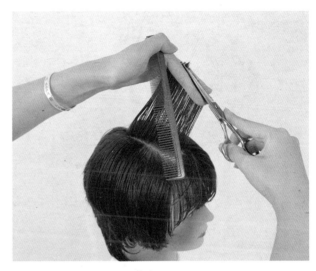

图 4-98

7. 修剪发帘区

从额角处分出发片,向右偏移修剪,剪出发帘的轮廓(图 4-99、图 4-100)。修剪发帘层次,提拉角度为 90°,渐增切口(图 4-101、图 4-102)。

8. 精剪

吹干头发进行精剪,调整发量用点剪,柔和发梢(图 4-103、图 4-104)。

9. 徒手造型

使用搓、捻、抹、捏方法进行造型(图 4-105、图 4-106)。

图 4-99

图 4-100

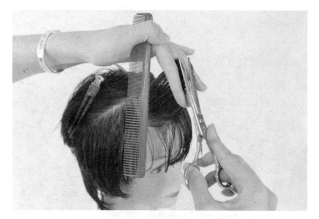

图 4-101

图 4-102

图 4-103

图 4-104

图 4-105

图 4-106

10. 完成造型作品

掸干净顾客脖颈处碎发,用梳子将头发按自然流向梳顺(图4-107至图4-109)。征求顾客意见,打闪镜。

图4-107

图4-108

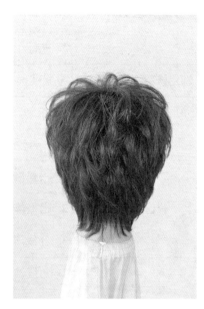

图4-109

11. 结束工作

顾客满意后,摘掉围布、毛巾,帮助顾客整理衣领。协助顾客取衣物、结账,送顾客离开。

四、整理工作

顾客离开后,按要求迅速整理工具、用品和工作环境,保持工具、用品干净,工作环境整洁,将美发椅上的头发掸干净,为下一次服务做好准备。

任 务 检 测

请针对评价标准(表4-6)仔细检查每一个内容,合格项打"√"。

表4-6 任务评价表

项目	标准	评价	存在的问题、解决的方法及途径
个人仪表	1. 干净、整洁	☐	
	2. 符合企业要求	☐	

续表

项目	标准	评价	存在的问题、解决的方法及途径
服务规范	1. 使用礼貌专业用语	☐	
	2. 服务热情、周到、规范	☐	
	3. 保证工作环境干净整洁	☐	
制定修剪造型方案	方案准确	☐	
工具用品	1. 齐全	☐	
	2. 干净	☐	
分区分片	1. 根据修剪要求准确进行分区	☐	
	2. 根据修剪要求准确分片	☐	
	3. 分线清晰、准确	☐	
发片提拉	1. 角度准确	☐	
	2. 力度适中	☐	
剪切线	1. 剪切线准确	☐	
	2. 长短适宜	☐	
效果	1. 轮廓饱满	☐	
	2. 边线圆顺	☐	
	3. 层次衔接,高位垂落	☐	
	4. 两侧对称	☐	
评定等级	优　秀☐ 良　好☐ 达　标☐ 未达标☐		

任 务 小 结

　　此任务操作时采用六分区、顶部 90° 向上提拉,周围垂直分片、中心提拉发片,反头形曲线连接边线。修剪时请顾客头部保持正直,每一片头发拉力、提拉角度均应保持一致。吹风造型时,注意顶部蓬松,边线服贴,利用徒手造型的方法,制作纹理效果。

知 识 链 接

一、颈形特征与发型关系

根据每个人的头形、颈形特征并以适当的设计来给这些特征作点缀是十分重要的。

1. 颈长

颈项长的人修剪发型时应要补足的方向是向下及向外,以填充颈项附近的空间,避免短而露出后颈线的发型(图 4-110)。

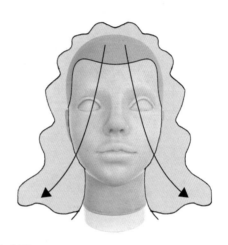

图 4-110

2. 颈短

颈项短的要补足的方向是使头发向上及远离头部位置,或者紧贴着头形修剪(图 4-111)。

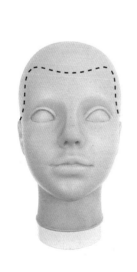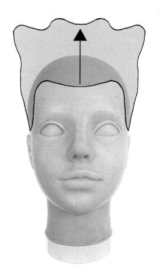

图 4-111

3. 颈阔

露出颈项的头发可补足颈阔的设计线。"V"形的颈线将注意力引向中央,可以产生较纤细的视觉效果。水平线将注意力引向头的两边会产生较宽阔的视觉效果(图 4-112、图 4-113)。

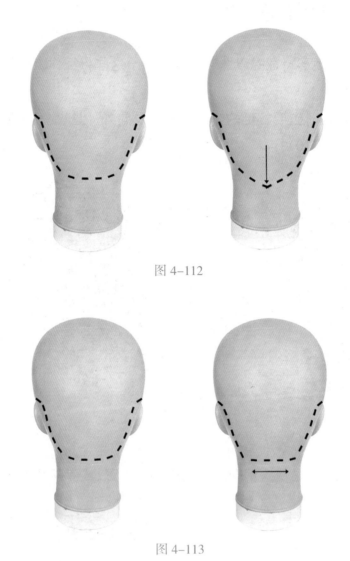

图 4-112

图 4-113

二、服务技巧——服务过程中意外情况的处理

1. 不满情绪。顾客在诉说不满时,要真诚地聆听。认真听完后,不要推卸责任,诚实说明或解释,并提出适当的解决方法。如果自己的能力无法处理,就需要请领导或前辈出面处理。如果顾客不满意要求换人,要主动换人。

2. 顾客等候的时间内,要准备杂志、茶水,并不时与顾客搭话,以免顾客等得不耐烦。

3. 谢绝顾客,要充分说明原因,并致谢。

4. 下雨天,穿雨衣来的顾客要帮其脱雨衣。开车来没带伞的顾客可以撑伞把顾客送上车。

检测与练习

一、知识检测

(一) 选择题

1. 徒手造型方法是利用工具与( )配合进行造型的方法。

A. 吹风机　　　　　B. 手　　　　　　C. 发刷　　　　　　D. 饰品

2. 修剪时常用( )剪方法柔和发梢、调整发量。

A. 点　　　　　　　B. 夹　　　　　　C. 压　　　　　　　D. 托

3. 美发企业要不断从顾客那里得到信息反馈,并根据( )随时调整自己的行为。

A. 实际情况　　　　B. 反馈的态度　　　C. 反馈的信息　　　D. 工作的性质

4. 修剪是修剪出发型的( )等,形成协调的基本式样。

A. 轮廓、发长　　　B. 线条、块面　　　C. 轮廓、线条　　　D. 块面、发长

5. 颈项长的人修剪造型时,发型应( ),以填充颈项附近的空间。

A. 向上　　　　　　B. 向下及向外　　　C. 紧贴着头形修剪　　D. 短而露出后颈线

(二) 判断题

( ) 1. 在剪发、削发时剪刀不够锋利会对头发造成损伤。

( ) 2. 当头发长到一定的长度,长时间得不到护理,头发就会分叉、干枯、发黄、无光泽、发尾散乱,给人以毛燥、凌乱之感。

( ) 3. 高层次短发修剪造型特点是,发型顶部头发较短、蓬松,凸显发量,发尾轻盈。

( ) 4. 烫发、染发、吹风次数多,头发会受损。

( ) 5. 为颈项短的顾客修剪造型时,要使头发向上及远离头部位置,或紧贴头形修剪。

二、练习

1. 练习修剪高层次发型。

2. 每天练习梳理发片,增强准确性和控制力。

项目五　　均等层次、混合层次
发式剪吹造型

图 5-1

图 5-2

图 5-3

　　本项目主要通过完成均等层次短发剪吹、混合层次短发剪吹和寸发修剪三个发式剪吹造型典型任务（图 5-1 至图 5-3），学习均等层次和混合层次发式剪发吹风基础知识，电推子的运用、推剪、短发吹风造型等发式修剪、吹风造型技法；塑造体现层次均匀、发茬衔接、端庄精干的发型。通过对这三个任务的学习，同学们应掌握均等层次、混合层次短发发式剪吹造型以及寸发修剪的工作流程和剪吹造型的质量标准。

项目目标

◎ 理解顾客意图，能比较准确地制定剪吹造型方案

◎ 能准确选择、规范使用、正确维护电推子等修剪和吹风造型工具

◎ 能熟练使用电推子，按照均等层次、混合层次的操作程序，正确运用修剪工具和指内夹剪、指外夹剪、推剪等技法，完成发式修剪操作

◎ 能熟练掌握徒手造型、别、压吹风技法，正确运用排骨梳、无声吹风机等造型工具完成吹风造型操作

◎ 能够准确地对修剪造型方法、发式特点和层次、发型效果进行分析，具有自我评价和审美能力

◎ 能运用礼貌用语、规范的姿态及专业知识为客人进行服务

◎ 保持工作环境整洁

工作要求　（表5-1）

表5-1　工作要求表

内容	要求
准备工作	1. 剪吹造型方案合理 2. 工具与用品齐全、卫生 3. 防护措施到位
操作	1. 工具选择正确、运用规范 2. 分区、分线位置准确清晰 3. 修剪、吹风操作程序正确 4. 技法运用恰当 5. 适时沟通
操作结束	1. 剪吹工具、用品归位，摆放整齐 2. 工作环境干净整洁
效果	1. 层次准确，轮廓饱满，发丝光顺，发梢服帖，走向清晰一致 2. 发型美观、顾客满意

工作流程

1. 确定修剪造型方案
2. 准备工作：按要求准备工具用品，为顾客做好防护措施
3. 修剪造型操作：确定长度→单区修剪→单区检查调整→逐区修剪检查→全头检查调整→吹风造型
4. 剪吹造型结束：整理清洁工具用品、环境卫生

任务一　均等层次短发剪吹造型

今天我们接待了一位中长卷发女顾客（图 5-4），她喜欢休闲运动，感觉头发烫后发量较多、凌乱，不容易打理，想要一款发量适中、易打理、适合休闲运动的短发式。根据顾客要求，美发师决定为顾客修剪一款体现头发层次感、圆形轮廓的均等层次短发（图 5-5）。

均等层次
短发

图 5-4

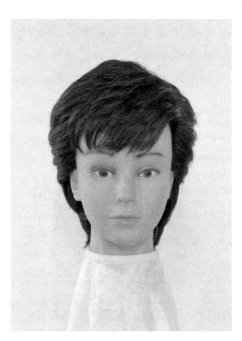

图 5-5

学习目标

◎ 掌握均等层次修剪方法

◎ 掌握均等层次发式的特点

◎ 能为顾客进行规范服务，保护好顾客衣物

◎ 正确领会修剪造型意图，准确制定修剪造型方案

◎ 规范安全运用修剪工具，并能正确清洁

◎ 正确掌握提拉角度

◎ 能准确控制头发拉力

◎ 按照规范的均等层次发式修剪造型操作流程，运用夹剪方法、徒手造型方法完成均等层次发式修剪造型任务

◎ 能按质量标准准确分析发式修剪效果

◎ 保持个人仪表、环境干净整洁

知识技能准备

一、均等层次发式特点

均等层次是高层次中的一种特殊形式。全头的提拉角度均为 90°，且头发的长度基本一致。均等层次的特点是全头层次均匀一致，发量薄厚适中，有动感（图 5-6、图 5-7）。

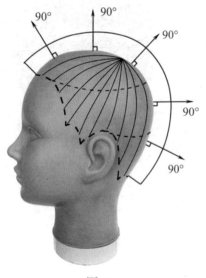

图 5-6

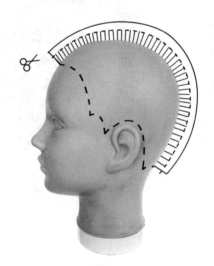

图 5-7

二、剪吹技巧

徒手造型法：徒手造型法是用手指插入头发后，固定住头发并进行弯曲、缠绕等动作（图 5-8、图 5-9），吹风机口 2/3 对着头发，1/3 对着手指进行吹风造型，制造头发蓬松或卷曲的效果，是表现柔和或制造空间纹理的基本手法。此法主要用于烫后的头发制造柔和卷曲的效果。

图 5-8

图 5-9

三、修剪造型注意事项

1. 要达到修剪造型效果，操作时要请顾客头位保持正直，不要向前、后、左、右倾斜。
2. 头发提拉角度应保持 90°。
3. 修剪时头发拉力尽量保持为零，并保持均匀一致。
4. 在开始操作之前，应熟练掌握剪子及梳子的运用，否则不能精确地修剪头发。
5. 控制吹风机送风角度及温度，防止烫伤顾客头皮、损伤头发。
6. 操作中随时掸干净顾客脖颈处、脸上的碎发，观察顾客感受，并及时调整操作。

任 务 实 施

一、咨询交流，确定修剪造型方案

1. 与顾客沟通，了解顾客的需求。

2. 根据顾客的需求、发质特点、脸形等条件提出建议,与顾客达成一致意见后确定修剪造型方案。

二、准备工作

1. 工具用品准备

准备修剪造型所需工具用品(图 5-10),放在工具车上,并推到工作位置。初步练习时一般使用教习发代替真发,将教习发固定在合适的位置上。

2. 服务准备

(1) 洗发。若顾客头发刚刚洗过,且非常干净,则可仅喷湿头发。

(2) 请顾客舒适地坐好,整理围布,做好保护措施。询问围布松紧是否合适,进行相应的调整。

(3) 用毛巾擦去头发中的多余水分。

(4) 用宽齿梳将头发向后梳理通顺(图 5-11)。

图 5-10

图 5-11

三、剪吹操作

1. 分发区,确定引导线

分出 U 区(图 5-12),从头顶中心横向分出厚度约 1 厘米的发片作为引导线。提拉角度为 90°,按所需长度修剪引导线,确定发型长度(图 5-13)。

图 5-12

图 5-13

提示

由于发片较宽,应分多次修剪(每次不超过食指长度的 2/3);保证提拉角度为 90°,剪切线与头皮平行;将拉力降至最低。

2. 分发片修剪

(1)水平分发片,继续向前分出下一个发片(图 5-14),采用活动引导线,所剪发片提拉 90°进行修剪至前发际线(图 5-15)。

图 5-14

图 5-15

提示

修剪时以上一片发片作为标准长度,提拉时注意保持提拉角度为90°。

（2）U区修剪完成后,垂直分发片,进行检查（图5-16）。

图 5-16

提示

修剪过的头发的剪切线应与头皮平行。

（3）以顶部为中心,采用放射法分出发片。每一片发片的提拉角度保持在90°,转圈修剪。修剪时,采用活动引导线,以上一片发片的长度作为标准,保证每一片发片的长度一致（图5-17 至图5-21）。

图 5-17

图 5-18

图 5-19

图 5-20

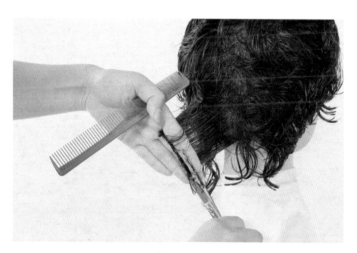

图 5-21

（4）将发型边线修剪整齐（图 5-22）。

（5）水平分发片进行检查（图 5-23）。

图 5-22

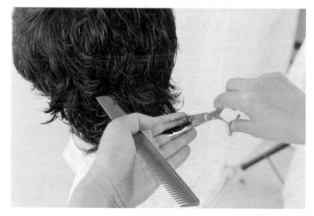

图 5-23

3. 调整

将头发吹至八成干,用牙剪调整层次和发量(图 5-24、图 5-25)。

图 5-24

图 5-25

请根据表 5-2 检查自己的工作。

表 5-2 技能检测表

要求	评价	
	是	否
以顶点为中心放射分发片,分线清晰	☐	☐
发片厚度均匀	☐	☐
提拉角度准确	☐	☐
修剪后头发长度基本一致,轮廓线与头形球面平行	☐	☐
层次衔接自然	☐	☐

4. 吹风造型

(1)后发区、两侧发区:从后颈部开始,手心向上,五指紧贴头皮,由下至上插入头发,并拢手指夹紧头发向外轻轻提起,吹风机从发根处送热风(图 5-26 至图 5-29)。由后发际线往顶部依次使用这种方法,完成后发区和两侧发区的整形,目的是制造头发走向,产生较清晰的纹理。

提示

手指提拉角度不宜过大,保持两侧发区的头发服帖。

图 5-26

图 5-27

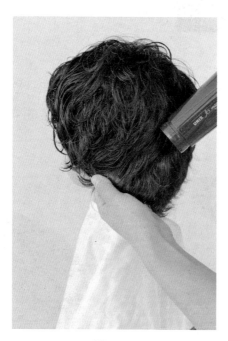

图 5-28

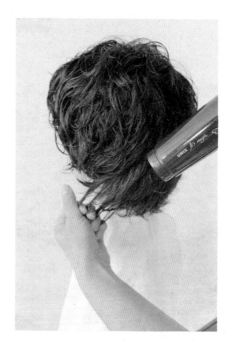

图 5-29

（2）顶区：并拢五指夹紧头发，往上提起，吹风机从发根处送热风，自然冷却 1～2 秒后再往前移动手指，完成顶区吹风造型（图 5-30 至图 5-32）。目的是使顶区发根挺立，蓬松饱满。

图 5-30

图 5-31

图 5-32

（3）头缝处：手指夹紧头发后往相反方向拉并旋转，利用手指使发干弯曲，吹风机从发根处送热风（图 5-33、图 5-34）。目的是制造发干流向，产生清晰的纹理和自然的卷曲，突出强烈的线条感（图 5-35）。

图 5-33

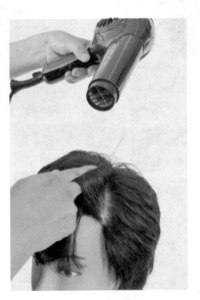

图 5-34

图 5-35

（4）用同样手法完成大边的吹风造型（图5-36、图5-37）。

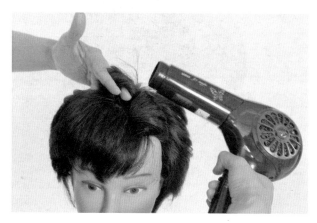

图 5-36

图 5-37

（5）发帘区：手指向下弯曲，用手指按刚吹好的发丝走向，整理发梢部分，制造发帘的走向和纹理（图5-38、图5-39）。另一侧的头发采用相同的手法向头缝方向吹拉（图5-40、图5-41）。用手指紧贴头皮，从前向后插入头发，并拢手指夹紧头发将发根提起，吹风机从前方送热风，将头发向后吹（图5-42、图5-43）。

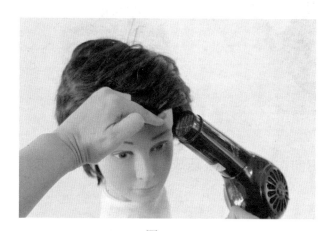

图 5-38

图 5-39

图 5-40

图 5-41

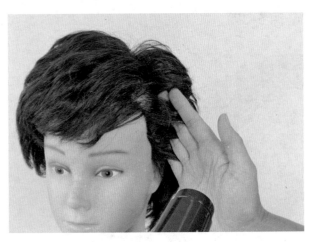

图 5-42

图 5-43

（6）取少许发蜡于手心，双手相对揉搓，将发蜡均匀涂于双手（图 **5-44**、图 **5-45**）。

图 5-44

图 5-45

（7）将发蜡轻轻涂于发梢处，用手指按发型走向拨顺头发，整理成型，再喷少许发胶定型（图 **5-46** 至图 **5-49**）。

图 5-46

图 5-47

图 5-48

图 5-49

5. 完成造型效果

见图 5-50 至图 5-53。

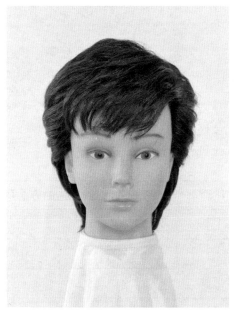

图 5-50

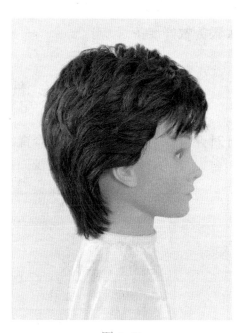

图 5-51

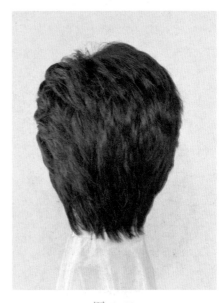

图 5-52　　　　　　　　　　　　　　　图 5-53

6. 结束工作

征求顾客意见，掸干净顾客脖颈处碎发，帮助顾客整理衣领。引领顾客取衣、结账，并送顾客离开。

四、整理工作

顾客离开后，按要求迅速整理工具、用品和工作环境，保持工具、用品干净，工作环境整洁，为下一次服务做好准备。

任务检测

请针对评价标准（表 5-3）仔细检查每一个内容，合格项打"√"。

表 5-3　任务评价表

项目	标准	评价	存在的问题、解决的方法及途径
个人仪表	1. 干净、整洁	☐	
	2. 符合企业要求	☐	
服务规范	1. 使用礼貌专业用语	☐	
	2. 服务热情、周到、规范	☐	
	3. 保证工作环境干净、整洁	☐	
制定方案	方案准确	☐	

续表

项目	标准	评价	存在的问题、解决的方法及途径
工具用品	1. 齐全	☐	
	2. 干净	☐	
分区分片	1. 根据修剪要求准确分片	☐	
	2. 分线清晰、准确	☐	
发片提拉	1. 提拉角度准确	☐	
	2. 力度一致	☐	
	3. 力度适中	☐	
剪切线	1. 剪切线准确	☐	
	2. 长短适宜	☐	
效果	1. 长短适宜	☐	
	2. 边线整齐	☐	
	3. 两侧对称	☐	
	4. 发丝光顺	☐	
	5. 发梢服帖，走向一致	☐	
	6. 轮廓饱满	☐	
评定等级	优　秀☐ 良　好☐ 达　标☐ 未达标☐		

任 务 小 结

　　此任务操作时采用均等层次发式修剪方法,提拉角度为90°,运用指内夹剪、指外夹剪方法修剪完成。修剪时请顾客头部保持正直,每一片发片的拉力尽量保持为零,剪后长度基本一致,全头轮廓线与头形球面平行。吹风时注意手指夹紧头发,要求顶部发根挺立,轮廓线服帖,发梢走向一致、清晰。

知识链接

一、常用饰发产品

除了常用到的洗发液、润发乳及护发产品外,依据顾客的头发类型,还需采用不同的产品来完成剪吹造型后的润色。

1. 泡沫或摩丝造型剂

产品的质地为泡沫状,一般呈中度凝结状态,柔软又浓密。可用于各种头发,使头发浓密、有光泽,突出发量感。有些产品还具有防晒功能,非常适用于控制和塑造卷度。使用泡沫或摩丝造型剂时,在手心挤出约一个柠檬大小的剂量,将泡沫或摩丝分布于整个头部。

2. 发胶

定型效果好,通常呈雾状。可以加强头发的光泽感,同时可以保护头发免受热空气的伤害。常在干发上酌量使用,也可在使用吹风机、电卷棒造型时作为辅助产品使用。使用发胶后可以轻易梳开头发而不会破坏造型,因此也常用于快速变化造型。

(1)液态发胶:是一种不会留下残渣的液态造型产品,可以加强定型,也有专用于自然卷或烫卷头发的产品。虽然也可以用于干发上,但建议取少量于掌心,再均匀分布于头发上。

(2)亮泽发胶:是一种清爽不油腻的亮泽造型品,可以增加头发的光泽感,同时,也使头发看起来更加光滑柔软。可用于控制部分高卷度的头发,用后头发不黏腻。

3. 发蜡

发蜡不含酒精,可强有力地支撑发型,同时保持头发的柔软度。不仅可以用于湿发,同时也适用于干发。常用于需维持长时间的短发造型,或需要保持平整的长发造型。发蜡不仅可固定造型,同时还可以减少头发的毛燥感,且不会留下残渣。如果抹在发根处,可以达到良好的持久效果。亮泽发蜡是一种不油腻的发蜡,可以增加头发的亮泽感,使头发看起来水润有光泽。使用时,先取少量于掌心,稍加摩擦后直接涂抹在湿发或干发上,也可用于有静电的头发。可使直发看起来更有光泽,使各种发质更容易造型,且不死板硬化。

4. 最后的完型产品

(1)喷雾定型液:用于整发完成后的定型,可分为轻效、中效、强效定型。这类定型液干得快,造型完成后,可以使发型维持一整天,且不会掉残屑。喷雾定型液既可以塑造、控制发量,也可以使头发光泽、不黏腻,可在水中溶解。

(2)超强效喷雾定型液:呈薄雾状的定型液,有助于被头发吸收,使用后头发更容易造型,也可以控制发量,用起来不黏腻。此外,还可提供极佳的亮泽效果,并可在水里溶解。

（3）暂时性直发霜：可将卷头拉直，配合吹风机，可以塑造出全新的发型。暂时性直发霜含有热元素、结合卷发中的水分后，将卷发转化为直发。可减少头发毛燥感，去除不需要的卷度。用于干净的湿发，并在遇热时发生作用。

（4）护发定型剂：其支撑头发造型的同时，也加强发质和发量，有助于增厚头发纤维。泡沫式定型剂和霜状定型剂用于湿发，喷雾式定型剂则用于整发完成后的最后步骤。此类产品使用后干得快，可使造型持久，并能增加头发的光泽感。

（5）保湿修护产品：这种产品用于保护造型时受损头发的弹性，使用后可避免过热或其他环境对头发的伤害，还可以避免静电和毛燥，起到强化修护的作用。

二、服务技巧——预约服务技巧

预约服务对于顾客而言，可提前对美发服务项目做细致的了解，便于选择所对应的最佳服务项目，到店便可享受服务，大大提升顾客的幸福感。对美发店而言，能合理安排时间，便于员工提高工作效率和顾客分层管理，有助于深入绑定老顾客，吸引新顾客。

"您好！×× 美发沙龙，很高兴为您服务！"

"请问您预约什么项目？"

"您贵姓？"

"您几点钟过来？

"您有指定的美发师吗？"

"我为您推荐 ×× 美发师为您服务好吗？"

"再次跟您确认一下，您预约的是 × 天 × 点由 ×× 美发师为您剪发，是吗？"

"好的。感谢您的来电，再见！"

检测与练习

一、知识检测

（一）选择题

1. 均等层次是高层次中的一种特殊形式。全头的提拉角度均为（　　）。

A. 30°　　　　　　　B. 45°　　　　　　　C. 90°　　　　　　　D. 120°

2. 均等层次修剪顶部时，采用（　　）分发片进行修剪。

A. 放射　　　　　　B. 水平　　　　　　C. 垂直　　　　　　D. 斜向

3. 均等层次修剪完成后，头发长度特点是（　　）。

A. 顶部长　　　　　B. 发际线边缘长　　　C. 基本一致　　　　D. 参差不齐

4. 徒手吹风造型时，吹风机口（　　）对着头发。

A. 1/2　　　　　　　　B. 1/3　　　　　　　　C. 2/3　　　　　　　　D. 全部

5. 吹风造型操作时，以下产品中不能达到定型效果的是（　　）。

A. 发胶　　　　　　　　　　　　　　B. 发蜡

C. 泡沫或摩丝造型剂　　　　　　　　D. 护发精油

（二）判断题

（　　）1. 均等层次修剪时，提拉角度随修剪位置发生变化。

（　　）2. 剪发过程中随时拿起干净、柔软的掸刷，轻轻地为顾客扫去落在脸上的可能会让顾客感觉发痒或难受的头发茬。

（　　）3. 分发片修剪时发片厚度可以随意。

（　　）4. 均等层次修剪后头发长度基本一致，全头轮廓线与头形球面平行。

（　　）5. 使用发胶后不能梳开头发，否则会破坏造型。

二、练习

1. 练习按角度准确提拉发片，逐渐提高控制力。

2. 练习徒手造型手法，加强手与吹风机的配合。

任务二　混合层次短发剪吹造型

今天我们接待一位男性顾客（图 5-54）。他将要参加一项重要活动，希望发型正式、成熟稳重。根据顾客要求，美发师决定采用夹剪、推剪方法和偏分吹风技法，为他塑造一款混合层次短发发型（图 5-55）。

混合层次
短发

图 5-54

图 5-55

学习目标

◎ 掌握混合层次发式剪吹的特点

◎ 能够为顾客进行规范服务,保护好顾客衣物

◎ 正确领会修剪造型意图,准确制订修剪造型方案

◎ 规范安全运用剪吹工具,并能正确清洁

◎ 正确掌握提拉角度

◎ 能准确控制头发拉力

◎ 按照规范的混合层次发式修剪造型操作流程,运用夹剪、推剪方法完成混合层次修剪造型任务

◎ 能按质量标准准确分析发式修剪造型效果

◎ 保持个人仪表,环境干净整洁

知识技能准备

一、混合层次发式特点

混合层次是由两个或更多个层次组成,如均等层次在高层次之上,或高层次在低层次之上(图5-56至图5-58)。在修剪混合层次时,每个层次都要遵循自己的修剪方法单独修剪。

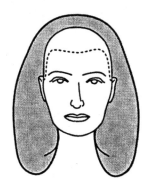

图 5-56

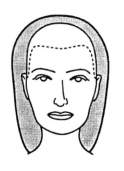

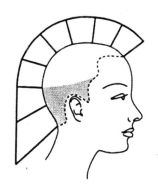

图 5-57

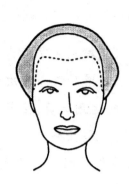
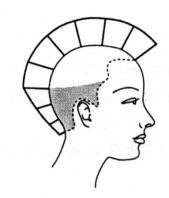

图 5-58

二、"三线"与"三茬"

1. "三线"

美发师应该掌握男式美发中"三线"（发际线、基线、发式轮廓线）关系的基本变化知识（图 5-59）。正确掌握"三线"的起止点，有利于男发发式的整体把握，从而使发式符合质量标准。

（1）发际线指头发生长部位的边缘线。

（2）基线是确定修剪后头发长短的标准线，是修饰发式轮廓的基础。修剪的第一条基线又称引导线。

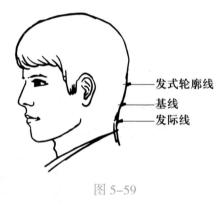

图 5-59

（3）发式轮廓线是指上茬和中茬交界处的边缘线，是上下衔接的部位。

只有正确掌握"三线"的起止点和它们之间的变化关系，修剪的发式才符合质量要求。

2. "三茬"

以各种发式轮廓线的位置，按头发生长情况以及颅骨和五官的位置，可把头发分为顶部、中部和底部三个部位。一般将短发类发式的底部（发际线与基线之间）称为底茬，中部（基线与发式轮廓线之间）称为中茬，发式轮廓线以上称为上茬，俗称"三茬"。从操作要求上讲，要达到底茬清、中茬匀、上茬齐的标准。

三、色调

色调是由肤色与发色相映衬产生的，主要体现在中部，即从基线发根露出肤色到发式轮廓线位置肤色逐渐隐没。

四、剪吹技巧

1. 正推法

也称满推。用电推子和梳子相配合,剪齿与头发全面接触,能剪去大面积的头发,一般适用于推剪左右两边鬓发和后脑正中部分(图 5–60)。

图 5–60

2. 半推法

是用局部剪齿推剪头发,能剪去小面积的头发。这种推法适用于推剪耳朵周围转弯处及起伏不平之处的头发(图 5–61)。

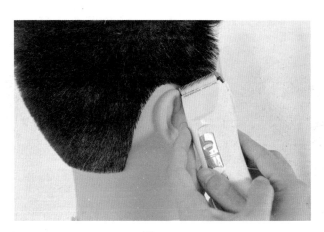

图 5–61

3. 反推法

反推法持推子的姿势与正推法和半推法相同。操作时,将机身翻转剪齿向下,用手指托住,主要是用来修饰轮廓(图 5–62)。

图 5-62

五、吹风技法

1. 压

压的作用是使头发平伏。压的方法有两种：用梳子压和用手掌压。用梳子压时，要将梳齿插入头发内，用梳背把头发压住，使吹的热风从梳齿缝透入头发，将头发吹平伏（图 5-63）。用手掌压时，用掌心或衬以毛巾，按在需要平伏的头发边缘，吹风口对着手掌与头皮的夹缝间（注意不要烫痛顾客），把吹出的热风引导在头发上，手掌顺势向上推（或托一下）（图 5-64）。

图 5-63

图 5-64

2. 别

为了把头发吹出微弯的形状，要把梳子斜插在头发内，梳齿沿头皮向下移动，使发干向内倾斜，这种方法叫"别"。操作时，在手腕的带动下，将发干微微别弯，梳子不动，吹风口对着梳齿吹，使发梢贴向头发，增加头发的弹性。一般用于头缝处小边部分，或顶部轮廓周围的发梢部分。在发涡部分也可采用此方法（图 5-65 至图 5-67）。

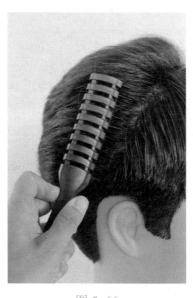
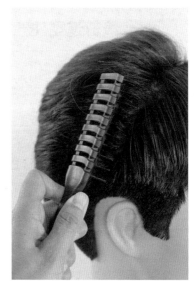

图 5-65　　　　　　　　　图 5-66　　　　　　　　　图 5-67

六、推剪操作质量要求

推剪是美发操作中的重要技法,是发式造型的基础,与美发质量有很大关系。通过推发和剪发两道工序把发式轮廓、头发层次、厚薄等处理好,使其符合推剪标准。因此,在推剪操作前了解推剪操作的技术标准,既有助于进一步明确整个推剪过程中每一道工序的操作要求,也有利于在实际操作中迅速提高技术水平。质量标准如下。

1. 色调匀称

色调应浓淡适宜,不能黑一块,白一块,也不能黑白分明,更不应出现凹凸不平的现象。这也是衡量推剪技术的主要标准。两边留发长短、色调深浅以及发式轮廓线位置的高低等均要求左右相称。

2. 轮廓齐圆、厚薄均匀

轮廓主要是中部和顶部衔接而构成的弧形,无论从哪个角度看,顶部都应有一个圆弧形(除平头形外),自脑后形成倒坡。轮廓周围的发梢修剪整齐,厚薄均匀,顶部浑圆饱满。

3. 高低适度、前后相称

左右鬓发也是轮廓的组成部分,除了留鬓角外,推刀向上推剪的时候,也要保持色调的匀称。两边色调的深浅、高低都要对称。从侧面看,轮廓线需要带一定的斜度,额前部分略高于后脑部分,要前后相称。

七、修剪造型注意事项

1. 要达到修剪造型效果，操作时要请顾客头位保持正直，不要向前、后、左、右倾斜。

2. 提拉角度应根据不同层次要求操作。

3. 修剪时头发拉力尽量保持为零、均匀一致。

4. 在开始操作之前，应先熟练掌握推子、剪子、梳子的运用，否则不能精确地修剪头发。

5. 控制吹风机送风角度及温度，防止烫伤顾客头皮、损伤头发。

6. 操作中随时掸干净顾客脖颈处、脸上的碎发，观察顾客感受，及时调整工作。

任 务 实 施

一、咨询交流，确定修剪造型方案

1. 与顾客沟通，了解顾客的需求。

2. 根据顾客的需求、发质特点、脸形等条件提出建议，与顾客达成一致意见后确定修剪造型方案。

二、准备工作

1. 工具用品准备

准备修剪造型所需工具用品（图 5-68），放在工具车上，并推到工作位置。初步练习时一般使用教习发代替顾客，将教习发固定在合适的位置上。

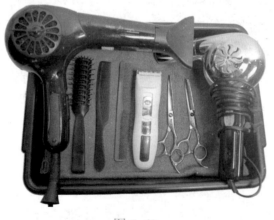

图 5-68

2. 服务准备

（1）洗发。若顾客头发刚刚洗过，且非常干净，则可仅喷湿头发。

（2）请顾客舒适地坐好，整理围布，做好保护措施。询问围布松紧是否合适，并进行调整。

（3）用毛巾擦去头发中多余水分。

（4）用宽齿梳将头发梳理通顺（图5-69）。

图 5-69

三、剪吹操作

1. 推剪

（1）从后发际线处开始，用疏密梳配合，推剪时梳子应紧贴头皮，然后逐渐向上。移动时梳齿略离头皮向外倾斜，这时电推子随着梳子的移动推去梳齿缝内露出的头发。随着梳子的向上移动，使留下的头发逐渐由短变长，完成后部推剪操作（图5-70至图5-74）。

图 5-70

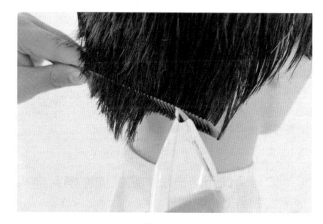

图 5-71

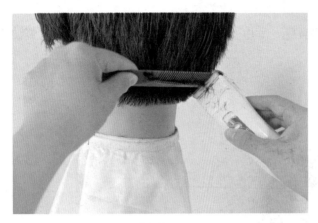

图 5-72

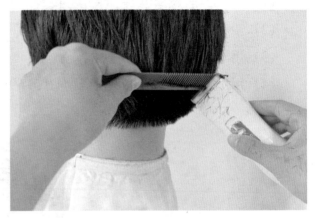

图 5-73

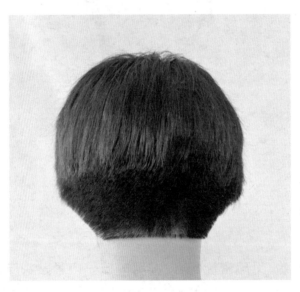

图 5-74

　　电推子与梳子要交叉运用，必须掌握好梳子与电推子的位置，注意色调要均匀。

　　推剪时，首先要考虑发式轮廓的部位，不要盲目操作，做到心中有数。其次电推子的悬空程度，也是决定发式的重要环节。

　　（2）两侧用半推法向右或向左横斜向移动推子（图 5-75、图 5-76）。

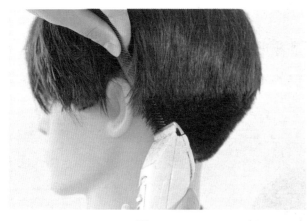

图 5-75

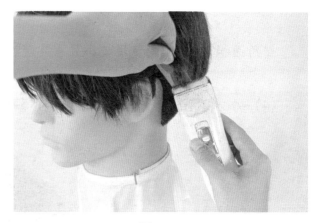

图 5-76

（3）鬓角部分先直线向上修剪，在梳子的配合下薄薄地向轮廓线方向推剪，鬓角处不能有棱角出现，并注意两鬓对称（图 5-77 至图 5-79）。

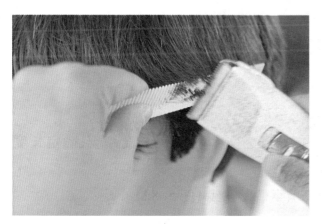

图 5-77

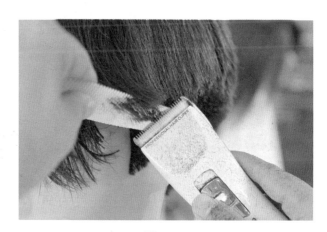

图 5-78

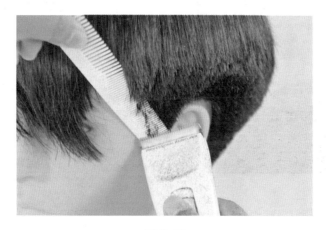

图 5-79

提示

鬓角面积较小,因此使用较小且薄的疏密梳更容易进行推剪。

(4)另一侧用同样方法完成推剪(图5-80)。

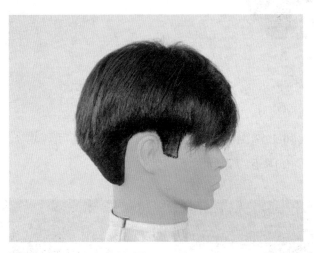

图5-80

2. 修剪

(1)从头顶横向分出约1厘米厚的发片,提拉角度为90°,按所需长度修剪,确定长度(图5-81)。

(2)采用移动引导线,提拉角度为90°,向前修剪至前发际线(图5-82)。

图5-81

图5-82

(3)以引导线长度为准,从前发际开始衔接侧发与鬓角处头发形成低层次(图5-83至图5-85)。

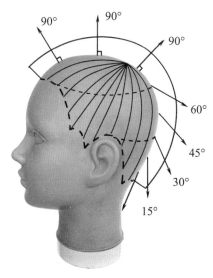

图 5-83

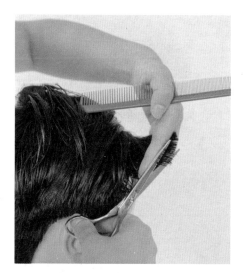

图 5-84

图 5-85

（4）将轮廓线层次进行调整，与搓茬部位的头发自然衔接（图 5-86）。

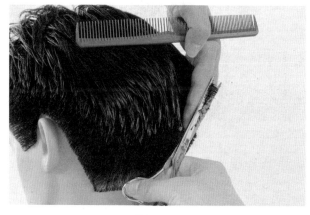

图 5-86

请根据表 5-4 检查自己的工作。

表 5-4　技能检测表

要求	评价	
	是	否
头发边线两侧对称	☐	☐
层次衔接均匀	☐	☐
层次高度准确	☐	☐
底茬清、中茬匀、上茬齐	☐	☐
两侧对称	☐	☐

（5）清理边线，完成修剪操作（图 5-87 至图 5-89）。

图 5-87

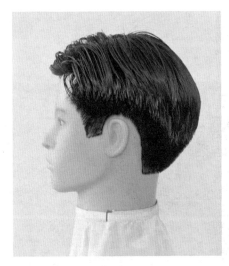

图 5-88

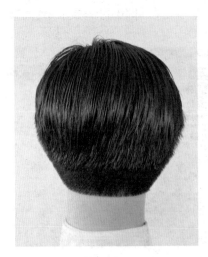

图 5-89

3. 吹风造型

（1）将头发吹至八成干（图 5-90）。

图 5-90

（2）先吹脑后头发,梳子要斜着从两侧向枕骨隆突处梳,吹风口向下,梳子带住发根,用"压"的吹风技法使头发平伏地贴着头皮（图 5-91）。

图 5-91

（3）从脑后部开始,用"别"的吹风技法将头发向后吹,吹至两耳上线（图 5-92 至图 5-94）。

（4）斜向将头缝分清晰（图 5-95）。

图 5-92

图 5-93

图 5-94

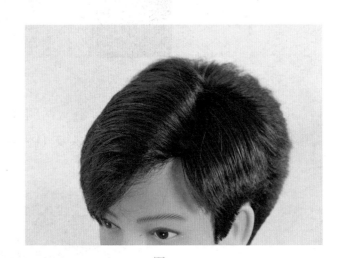

图 5-95

（5）头缝分好后，用梳子沿头缝将大边的头发压住，梳背与头皮保持一定距离，将大边发根别向相反方向（图 5-96）。再用吹风机对着头缝送风，使头缝清楚（图 5-97）。利用梳子沿头缝将发根稳住，并略向上提，将发根吹至拱起，使其显得饱满（图 5-98、图 5-99）。

（6）用同样方法将小边头缝吹好（图 5-100 至图 5-102）。

图 5-96

图 5-97

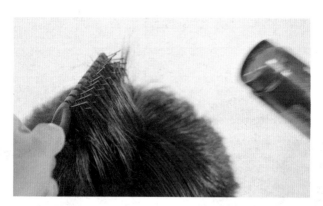

图 5-98

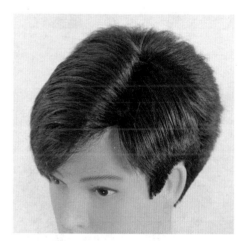

图 5-99

图 5-100

图 5-101

图 5-102

（7）从鬓角开始,用梳子将小边头发向后进行"别"吹,直至吹梳平伏（图5-103至图5-106）。

图 5-103

图 5-104

图 5-105

图 5-106

（8）在吹大边顶部头发时要从后往前分片进行,梳子要向后方倾斜。吹第一片时发根挺立较低,然后逐片提高,直至前发,使顶部饱满,有一定的弧度（图5-107、图5-108）。

图 5-107

图 5-108

（9）用发梳将发帘部分向前带出弧度，吹风机向上送风，使发帘向前微微探出（图5-109）。

图5-109

（10）大边从鬓角开始，将头发分层"别"吹，直至吹梳平伏（图5-110、图5-111）。

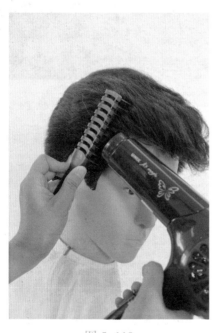

图5-110

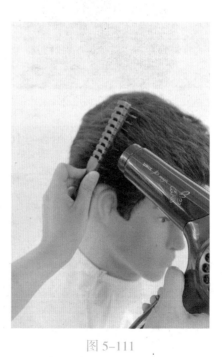

图5-111

（11）从上向下将梳齿插入发根，转动梳子将发帘处的头发向上翻起，吹风机送热风，使发帘与侧发自然衔接（图5-112至图5-114）。

（12）用无声吹风机与手掌配合，采用"压"的吹风技法将四周轮廓发梢吹压平伏（图5-115）。

图 5-112

图 5-113

图 5-114

图 5-115

（13）按发丝走向梳理成型（图 5-116 至图 5-118）。

图 5-116

图 5-117

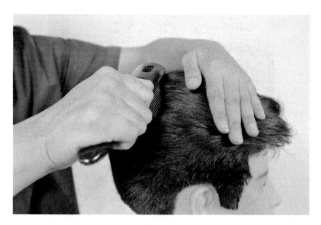

图 5-118

（14）喷发胶定型（图 5-119）。

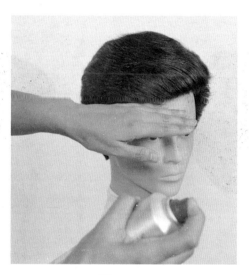

图 5-119

（15）小边喷发胶后，手向上微微托起。用无声吹风机将头发轮廓线位置吹压平伏。用梳子将鬓角处头发别住，向后吹，形成圆润的转角（图 5-120 至图 5-122）。

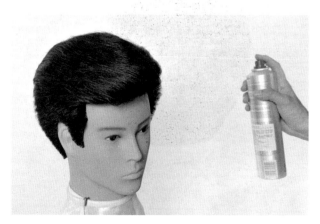

图 5-120

图 5-121

图 5-122

4. 完成造型效果（图 5-123 至图 5-126）。

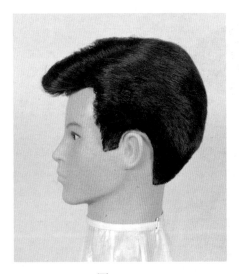

图 5-123

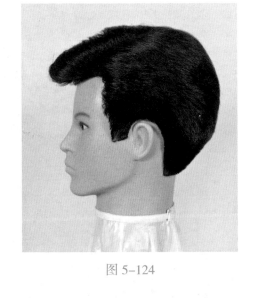

图 5-124

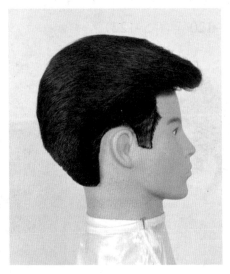

图 5-125

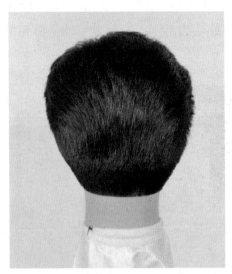

图 5-126

5. 结束工作

征求顾客意见,掸干净顾客脖颈处碎发,帮助顾客整理衣领。引领顾客取衣、结账,并送顾客离开。

四、整理工作

顾客离开后,按要求迅速整理工具用品和工作环境,保持工具用品干净,工作环境整洁,为下一次服务做好准备。

任 务 检 测

请针对评价标准(表5-5)仔细检查每一个内容,合格项打"√"。

表5-5 任务评价表

项目	标准	评价	存在的问题、解决的方法及途径
个人仪表	1. 干净、整洁	☐	
	2. 符合企业要求	☐	
服务规范	1. 使用礼貌专业用语	☐	
	2. 服务热情、周到、规范	☐	
	3. 保证工作环境干净、整洁	☐	
制定方案	方案准确	☐	
工具用品	1. 齐全	☐	
	2. 干净	☐	
分发片	1. 根据修剪要求准确分片	☐	
	2. 分线清晰、准确	☐	
发片提拉	1. 角度准确	☐	
	2. 力度一致	☐	
	3. 力度适中	☐	
剪切线	1. 剪切线准确	☐	
	2. 长短适宜	☐	

续表

项目	标准	评价	存在的问题、解决的方法及途径
层次	1. 层次衔接均匀	☐	
	2. 层次高度准确	☐	
	3. 底茬清、中茬匀、上茬齐	☐	
效果	1. 长短适宜	☐	
	2. 边线整齐	☐	
	3. 两侧对称	☐	
	4. 轮廓齐圆、饱满自然	☐	
	5. 头路明显、整齐、发丝纹理清楚	☐	
	6. 周围平伏，顶部有弧形感	☐	
评定等级	优　秀☐ 良　好☐ 达　标☐ 未达标☐		

任务小结

　　此任务操作时采用指外夹剪、推剪方法完成。修剪时请顾客头部保持正直，提拉角度根据层次需要确定。每个层次高度准确，提拉角度准确，层次衔接均匀自然。推剪时沿发际线向上逐渐放长头发，双手平稳，由下至上匀速操作，达到底茬清、中茬匀、上茬齐的修剪要求。吹风造型时，注意梳子与吹风机的配合，大边头发要有立体感，小边头发平伏，达到轮廓齐圆、饱满，头路明显、整齐，周围平伏，顶部有弧形感。

知 识 链 接

一、常用混合层次设计

　　1. 高层次配合低层次，枕骨区产生一个较薄的轮廓，形成一个完全不平滑的表面（图 5-127）。

2. 均等层次产生圆浑的轮廓，低层次拥有一定的膨胀量，产生完全不平滑的表面（图 5-128）。

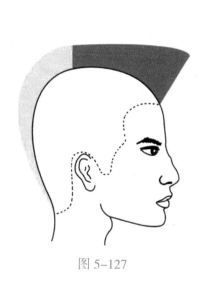

图 5-127

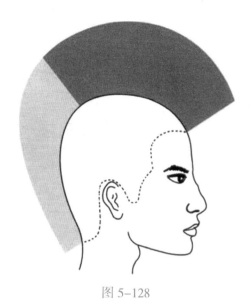

图 5-128

3. U 区以均等层次修剪，枕骨区采用高层次，形成一个马尾状并完全不平滑的表面（图 5-129）。

4. U 区以均等层次产生较圆浑的连接，骨梁区以高层次的修剪使发量减少，低层次缔造出较实较重的线条（图 5-130）。

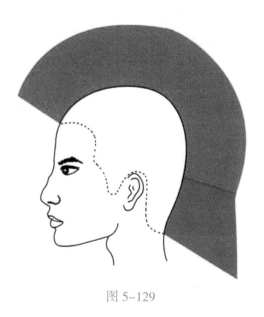

图 5-129

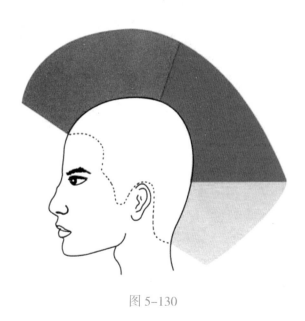

图 5-130

二、鬓角的线条

鬓角可影响脸颊及眼睛的造型效果，也可以单纯地制造出柔顺及干净的效果。不同鬓角线条如图 5-131 所示。

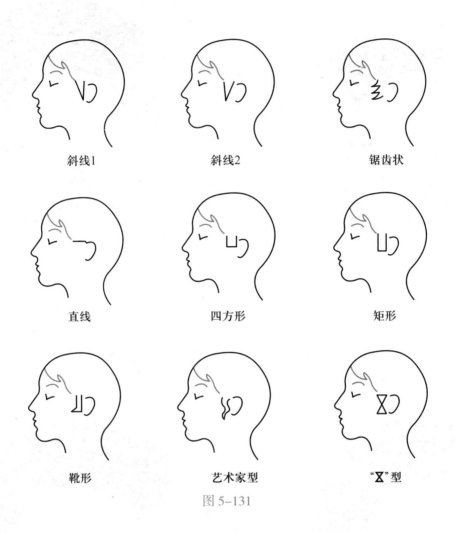

斜线1　　　　　　　斜线2　　　　　　　锯齿状

直线　　　　　　　四方形　　　　　　　矩形

靴形　　　　　　　艺术家型　　　　　　"X"型

图 5-131

三、服务技巧——送客技巧

已经到了最后阶段,决不可以马虎收场以致前功尽弃。顾客对做头发的技术和服务满意,下次必然会再回本店来。因此,送客非常重要。要注意与顾客送别时的谈话。

"欢迎再次光临!"

"您做完头发的感觉真是不错,像换了一个人似的!"

"请按照我的建议去打理头发。相信您的发质一定会更好。"

"这次先这么做,等您的发质改善后再给您烫发。"

"下次过来染发吧!您的头发如果有点颜色,会更适合您的肤色和气质。"

检测与练习

一、知识检测

（一）选择题

1. 正推法也称满推。一般适用于推剪左右两边鬓发和（　　）部分。

A. 后脑正中　　　　B. 后脑两侧　　　　C. 顶部　　　　D. 全头

2. 吹风方法中"压"的方法有两种,用梳子压和用（　　）压。

A. 无声吹风机　　　B. 手掌　　　　　　C. 排骨梳　　　D. 发胶

3. 用局部推齿推剪头发,属（　　）技法。

A. 满堆　　　　　　B. 半堆　　　　　　C. 斜堆　　　　D. 倒推

4. 男式美发中的"三线"不包括（　　）。

A. 发际线　　　　　B. 基线　　　　　　C. 引导线　　　D. 发式轮廓线

5. 男发修剪后轮廓周围的发梢修剪整齐,（　　）、厚薄均匀。

A. 发式容量　　　　B. 轮廓　　　　　　C. 边线　　　　D. 层次

（二）判断题

（　　）1. 正推法就是用局部推齿推剪头发,能剪去小面积的头发。适用于耳朵周围转弯处及起伏不平之处的头发。

（　　）2. 引导线是确定修剪后头发长短的标准线,是修饰发式轮廓的基础。

（　　）3. 色调是肤色与发色相映衬而产生的,主要体现在中部,即从基线发根露出肤色到轮廓位置肤色逐渐隐没。

（　　）4. "三茬"要达到底茬清、中茬匀、上茬齐的标准。

（　　）5. 男发吹风造型时,注意梳子与吹风机的配合,大边头发要有立体感,小边头发饱满。

二、练习

1. 每天练习推子与梳子配合使用 30 分钟。

2. 练习准确提拉发片,逐渐提高控制力。

3. 练习无声吹风机的使用。

任务三　寸　发　修　剪

今天我们接待一位男性顾客（图 5-132）。顾客要求修剪一款寸发,根据顾客头形、脸形等条件,美发师采用推剪方法为他进行修剪（图 5-133）。

寸发

图 5-132

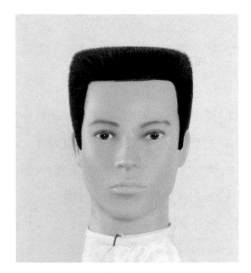

图 5-133

学习目标

◎ 掌握寸发的修剪方法

◎ 能够为顾客进行规范服务,保护好顾客衣物

◎ 正确领会修剪意图,初步制订修剪方案

◎ 规范安全运用修剪工具,并能正确清洁

◎ 正确使用电推子,能与梳子熟练配合完

成修剪任务

◎ 按照规范的寸发修剪操作流程,运用推剪方法完成修剪任务

◎ 能按质量标准准确分析发式修剪效果

◎ 保持个人仪表、环境干净整洁

知识技能准备

一、寸发发式特点

头发两侧及后部较干净或有色调,顶部头发较短,轮廓呈圆形、平圆形或推剪得非常平。根据顶部头发轮廓,寸头发型可以分为方形寸头、圆形寸头、板寸、毛寸等,发型整洁、凉爽、阳刚,整体显得很精神,给人一种干练的简约感(图 5-134、图 5-135)。

图 5-134   图 5-135

二、剪吹技巧

1. 应该使用有弹性、小齿型的宽梳,应与电推子剪刀片同宽。

2. 为了掌握住梳子,食指和拇指呈"C"形扣握住梳子,拇指放在梳子下半部,食指在上半部(图 5-136)。拇指可以使梳子往前移动,而同时中指、无名指和小拇指握在一起以保持平衡。以此姿势握住梳子,可以轻易地往前或往后移动梳子。

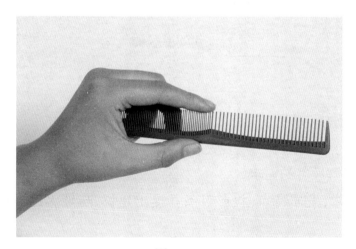

图 5-136

3. 通过食指和拇指使梳子转向,但不可以以手腕进行。

4. 剪发时电推子应该在梳子上方,通常方向是往上(图 5-137)。

5. 梳齿不可以刮到电推子的刀片。

6. 应该以一定的倾斜角度握住梳子。

图 5-137

三、修剪造型注意事项

1. 要达到修剪造型效果,操作时要请顾客头位保持正直,不要向前、后、左、右倾斜。
2. 保持电推子不压剪发梳,并在一个平面上移动。
3. 推剪时,双手保持稳定,剪发梳与电推子匀速移动。
4. 发式边缘推剪干净,与皮肤自然衔接。
5. 根据顾客脸形、头形决定头发长度、发型轮廓,做到心中有数。
6. 操作中随时掸干净顾客脖颈处、脸上的碎发,观察顾客感受,及时调整工作。

任 务 实 施

一、咨询交流,确定修剪方案

1. 与顾客沟通,了解顾客的需求。
2. 根据顾客的需求、发质特点、脸形等条件提出建议,与顾客达成一致意见后确定修剪方案。

二、准备工作

1. 工具用品准备

准备修剪所需的工具用品,放在工具车上,并推到工作位置 (图 5-138)。初步练习时一般使用教习发代替真头发,将教习发固定在合适的位置上。

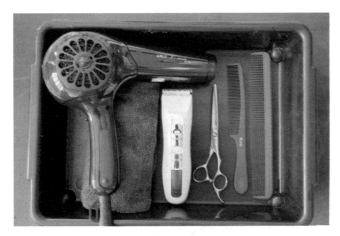

图 5-138

2. 服务准备

（1）洗发。

（2）请顾客舒适地坐好，整理修剪围布，做好保护措施。询问围布松紧是否合适，进行调整。

（3）用吹风机将头发吹干。

（4）用齿梳将头发梳理通顺（图 5-139）。

图 5-139

三、修剪操作

1. 推剪

（1）从后发际线处开始，推剪时梳子应紧贴头皮，然后逐渐向上。电推子随着梳子的移动推去梳齿缝中露出的头发，推剪至顶部完成后部推剪操作（图 5-140 至图 5-142）。

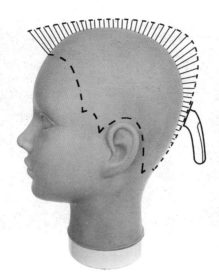

图 5-140

图 5-141

图 5-142

提示

电推子与梳子要交叉使用，必须掌握好梳子与电推子的角度，应垂直而带弧形向上推动，注意色调要均匀。

推剪时，首先要考虑发式轮廓的部位，不要盲目操作，做到心中有数。其次电推子的悬空程度，也是决定发式的重要环节。

（2）耳后两侧用半推法，梳子横斜，向上推剪至顶部（图 5-143）。

（3）鬓角部分先略带一定角度向上推剪至顶部，鬓角处不能有棱角出现，并注意两鬓对称（图 5-144、图 5-145）。

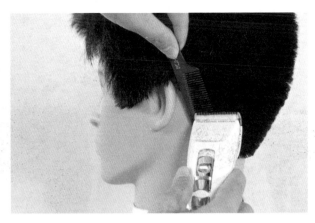

图 5-143

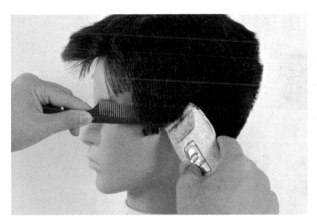

图 5-144

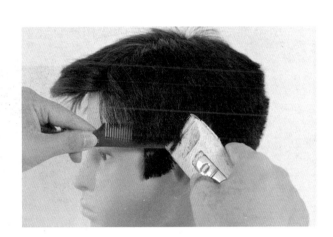

图 5-145

（4）顶部需腾空操作，电推子从前向后平稳推剪，长度由梳子掌握，前额部位头发可适当放长，使顶部扁平（图 5-146 至图 5-149）。

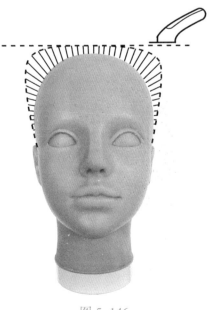

图 5-146

图 5-147

图 5-148

图 5-149

2. 精修

用半推法和反推法对发际线和发型轮廓线进行精修（图 5-150 至图 5-152）。

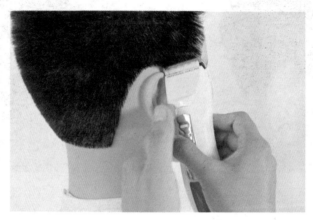

图 5-150

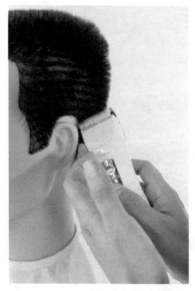

图 5-151

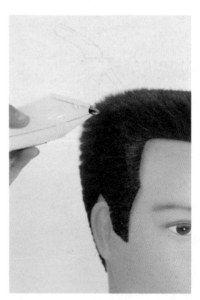

图 5-152

3. 完成效果（图 5-153、图 5-154）。

图 5-153

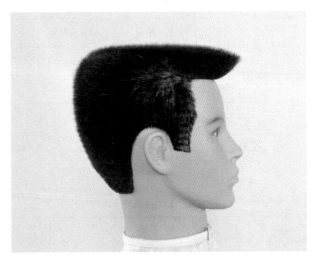

图 5-154

4. 结束工作

征求顾客意见,掸干净顾客脖颈处碎发,帮助顾客整理衣领。引领顾客取衣服、结账,并送顾客离开。

四、整理工作

顾客离开后,按要求迅速整理工具用品和工作环境,保持工具用品干净,工作环境整洁,为下一次服务做好准备。

任 务 检 测

请针对评价标准（表 5-6）仔细检查每一个内容,合格项打"√"。

表 5-6　任务评价表

项目	标准	评价	存在的问题、解决的方法及途径
个人仪表	1. 干净、整洁	☐	
	2. 符合企业要求	☐	
服务规范	1. 使用礼貌专业用语	☐	
	2. 服务热情、周到、规范	☐	
	3. 保证工作环境干净整洁	☐	
制定方案	方案准确	☐	

续表

项目	标准	评价	存在的问题、解决的方法及途径
工具用品	1. 齐全	☐	
	2. 干净	☐	
效果	1. 长短适宜	☐	
	2. 边线整齐、干净	☐	
	3. 两侧对称	☐	
	4. 发丝衔接均匀	☐	
	5. 色调均匀	☐	
评定等级	优　秀☐ 良　好☐ 达　标☐ 未达标☐		

任 务 小 结

此任务操作时采用推剪方法完成。修剪时请顾客头部保持正直,注意电推子与梳子之间的配合。推剪时随时注意顾客感受,防止电推子划伤顾客皮肤。修剪后头发色调从发际线向上均匀过渡,衔接均匀自然,两侧对称。

知 识 链 接

一、常见寸发类型

寸发也称寸头,即平头或平圆头,属短发类发型。目前寸头系列的发型较多,有方形寸头、圆形寸头、板寸、毛寸等。

1. 方形寸头

是寸头系列的基本发型 (图 5-155)。主要特点是顶部头发平齐,两侧头发直上,弧形不明显,与顶部衔接部位 (发式的轮廓线) 形成方形的棱角,整体方正。中部色调部位较长,基线以上 5 毫米左右即起色调。剪发操作主要以电推子为主,用剪刀修饰、调整,剪去一些"飞边",有时在凹凸部位也稍做修剪调整。

2. 圆形寸头

留发较短,适用于头形较圆胖的人(图5-156)。顶部头发平圆,基线起步略高,向上推时略带有弧形。色调的幅度中等,用剪刀进行修饰、调整,使色调更加精细,发式成型圆润、清爽。

3. 板寸

头顶非常平,且干净利索,长度为一寸左右,因为短得像板子,所以叫"板寸"(图5-157)。板寸不适合头尖的人。

 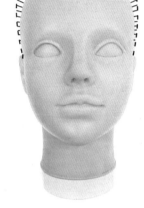 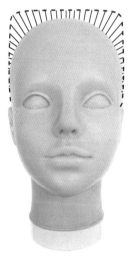

图 5-155   图 5-156   图 5-157

4. 毛寸

四周与其他寸头一样推平,顶部用牙剪修剪,头发长短不一,有一种"毛毛"的感觉,因而得名"毛寸"(图5-158、图5-159)。

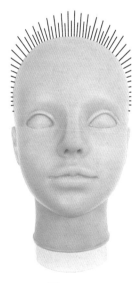 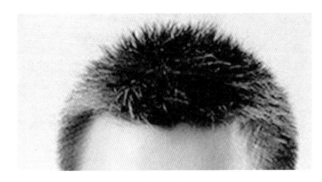

图 5-158   图 5-159

二、电推子的维护保养及禁忌事项

1. 使用电推子时,每隔几齿在刀片间滴少量推剪油。由于刀片剪切速度快,不可使用生发油、润滑油或含有煤油及其他溶剂的混杂油,因为这些油会挥发或分解出含有黏性的杂质,影响刀片运动。推剪油是一种非常稀薄的矿物油,能使电推子的刀片保持良好的工作状态。

2. 推剪时出现条纹状和漏发,是由于刀片表面有黏性物质导致的,所以要保持刀片的清洁,并适当加油。

3. 当开或关时,电推子会发出"得得"的响声;使用时电推子还会适度的发热和振动,这些现象是正常的,均不影响使用。

4. 连续工作时间建议不超过 10 分钟。

5. 每次使用完毕,请用干净擦布擦净电推子,用小毛刷刷净刀片间的碎发和污物,然后加油。

6. 电推子应保存在干燥、通风的环境,以延长使用寿命。

7. 请不要用水冲洗或带入浴室使用,湿发禁止使用。

8. 如果电源线损坏,为避免危险,必须由专职维修人员来更换。

9. 用电推子剪发前一定要检查推子的齿距是否处在安全的位置,防止划破顾客的皮肤。

三、服务技巧——回访顾客技巧

针对烫、染的顾客在操作第三天或第四天的时候进行电话回访。一周后要进行第二次回访工作,尤其是第一次回访中存在问题的顾客。

关心顾客操作后的状况,同时提示顾客正确的打理方法和坚持护理的意识,对于顾客存在的问题要向主管汇报,以便及时地找到适当的解决方法。

询问顾客操作后的感受和意见。

叮嘱在家中正确梳理和保养的重要性。

解答顾客可能遇到的或正在面对的难题。

推荐对顾客有益的项目,预约顾客再次光临的时间。

检测与练习

一、知识检测

(一) 选择题

1. 寸头,即平头或平圆头,属(　)发型。

A. 长发类　　　　　B. 中长发类　　　　　C. 短发类　　　　　D. 光头型

2. (　　　) 寸头是寸头系列的基本发型。

A. 圆形　　　　　B. 板寸　　　　　C. 毛寸　　　　　D. 方形

3. (　　　) 留发较短,适用于头形圆胖的人。

A. 圆形寸头　　　　　B. 板寸　　　　　C. 毛寸　　　　　D. 方形寸头

4. 为了掌握住梳子,食指和拇指成"C"形扣握住梳子,拇指放在梳子(　　　)半部,食指在(　　　)半部。

A. 上　　　　　B. 中　　　　　C. 下　　　　　D. 两端

5. 电推子使用后,每隔几齿在刀片间滴少量(　　　)进行维护。

A. 食用油　　　　　B. 润滑油　　　　　C. 推剪油　　　　　D. 煤油

(二) 判断题

(　　　) 1. 方形寸头的主要特点是顶部头发平齐,两侧头发直上,弧形不明显,与顶部衔接部位 (发式轮廓线) 形成方形的棱角,整体方正。

(　　　) 2. 推剪寸头时,电推子的悬空程度,与发式轮廓无关。

(　　　) 3. 电推子可以用水冲洗或带入浴室使用,湿发可以使用。

(　　　) 4. 电推子应该在梳子上方进行剪发,通常与梳子平行。

(　　　) 5. 用电推子剪发前,一定要检查推子的齿距是否处在安全的位置,防止划破顾客的皮肤。

二、练习

1. 每天练习梳子与电推子配合使用 30 分钟。

2. 练习控制发梳方向和角度,逐渐提高控制力。

项目六　商业发型剪吹造型

本项目是发式修剪和吹风技术的综合运用,通过对女式长发剪吹造型、女式中长发剪吹造型、女式短发剪吹造型、女式高层次短发剪吹造型、男式短发剪吹造型、男士寸发剪吹造型六款典型实用发型(图6-1至图6-6)修剪吹风造型技术的阐述和操作,学习和掌握当今商业发型的修剪吹风造型技术。

图6-1

图6-2

图6-3

图6-4

图6-5

图6-6

任务一　女式长发剪吹造型

模特原型（图 6-7 至图 6-9）

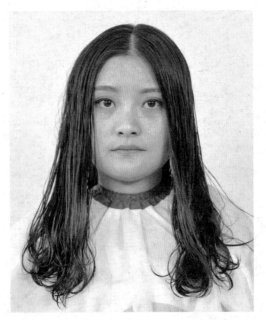

图 6-7

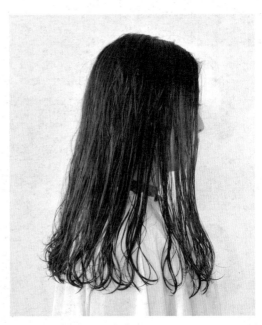

图 6-8

图 6-9

造型效果（图 6-10 至图 6-12）

女士长发

图 6-10

图 6-11

图 6-12

剪吹操作

（1）头发分成三个区（图6-13）。

（2）平行头皮,低角度设定外线（图6-14）。

图6-13

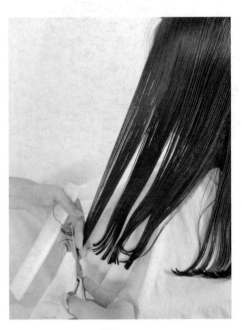

图6-14

（3）在侧发区,垂直提拉发片,修剪均等层次（图6-15）。

（4）以上一片的头发为引导,按方形裁剪的方式进行修剪（图6-16）。

图6-15

图6-16

（5）所有侧发区头发，向上提拉梳理剪掉多余头发（图 6-17）。

（6）以侧发区头发为引导，中心切面放射修剪（图 6-18）。

图 6-17

图 6-18

（7）提拉角度低于 30°，留 1 厘米发量保留切口小边沿锯齿修剪（图 6-19）。

（8）后顶发区：向前梳理修剪多余头发（图 6-20）。

图 6-19

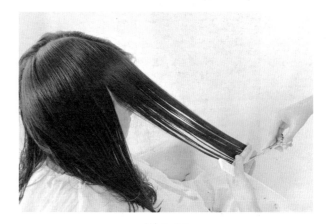

图 6-20

（9）U 形发区：向上 90°提拉头发（图 6-21）。

（10）滑剪，调整头发整体量感（图 6-22）。

（11）底区采用竖卷方式进行渐增卷（图 6-23）。

（12）中区采用斜卷，向前向后卷交替进行（图 6-24）。

图 6-21

图 6-22

图 6-23

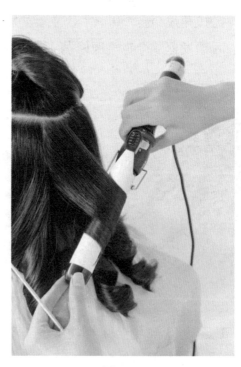

图 6-24

（13）顶区采用向前卷方式进行卷发（图6-25）。

（14）侧发区分为上下两部分向后卷（图6-26）。

（15）整体造型结束后，发根自然吹蓬松（图6-27）。

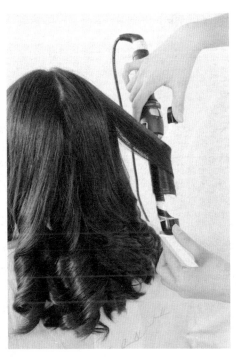

图 6-25

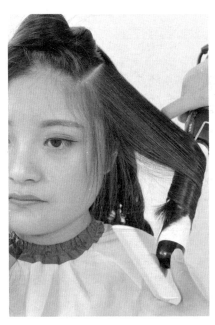

图 6-26

图 6-27

任务二　女式中长发剪吹造型

模特原型（图 6-28 至图 6-30）

图 6-28

图 6-29

图 6-30

造型效果（图 6-31 至图 6-33）

女士
中长发

图 6-31

图 6-32

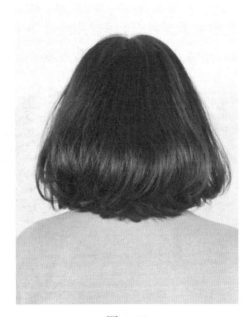

图 6-33

剪吹操作

（1）分区：刘海区、两个侧发区、两个后发区（图6-34）。

（2）后脑部分出小三角形，平行头皮加曲线修剪边沿层次（图6-35）。

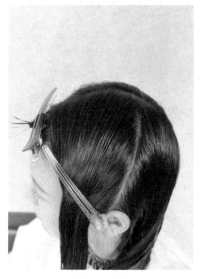

图 6-34

图 6-35

（3）侧发区以后发区为引导放射分发片，过线加曲线修剪（图6-36）。

（4）所有头发自然向后梳理，用锯齿切口去除多余头发（图6-37）。

图 6-36

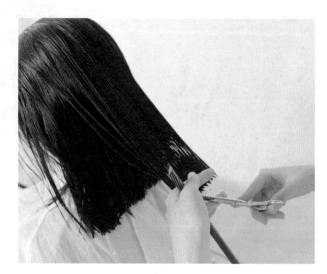

图 6-37

（5）头顶部分头发，向上拉起，方形层次去角修剪（图6-38）。

（6）刘海：宽度分到眼尾，厚度为2厘米，按所需长度斜分发片修剪（图6-39）。

图6-38

图6-39

（7）柔和发梢，调整量感（图6-40）。

（8）全头发根自然吹蓬松（图6-41）。

图6-40

图6-41

（9）十字分区横分发片，卷一圈半（图 6-42）。

（10）刘海用滚梳反向吹出自然弧度（图 6-43）。

（11）整体造型结束，发胶定型（图 6-44）。

图 6-42

图 6-43

图 6-44

任务三　女式短发剪吹造型

模特原型（图 6-45 至图 6-47）

图 6-45

图 6-46

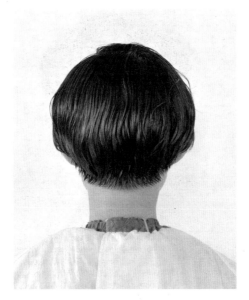

图 6-47

造型效果（图 6-48 至图 6-50）

女士短发

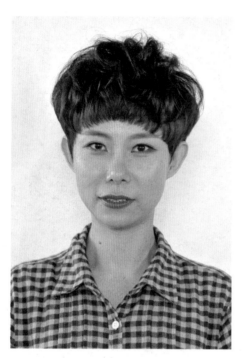

图 6-48

图 6-49

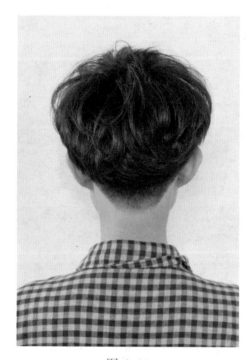

图 6-50

剪吹操作

（1）分四个发区（图6-51）

（2）修剪后下发区中心切面边沿层次（图6-52）。

图6-51

图6-52

（3）后下发区为引导，过线修剪（图6-53）。

（4）侧发区：平行头皮高角度提拉头发，锯齿修剪（图6-54）。

图6-53

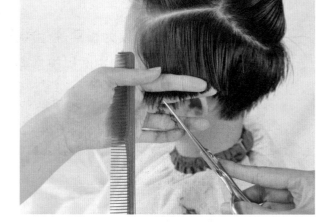

图6-54

（5）检查两侧长度是否对称（图6-55）。

（6）后下发区推出坡度（图6-56）。

图 6-55

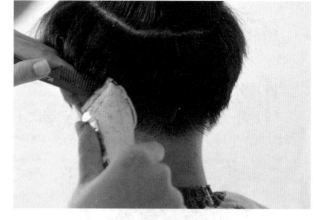

图 6-56

（7）后顶发区：锯齿切口不连接修剪引导线（图 6-57）。

（8）后顶发区：以引导线长度为准连接下侧发区头发（图 6-58）。

图 6-57

图 6-58

（9）顶区：以侧发区头发为引导，锯齿状过线修剪堆积层次（图 6-59）。

（10）刘海修剪：将头发向中间提拉修剪，边线形成中间短两侧长的弧形（图 6-60）。

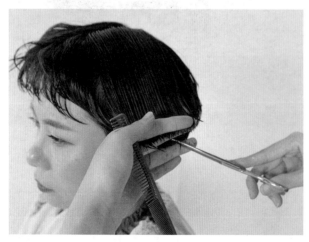

图 6-59

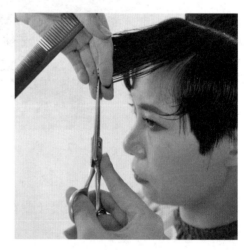

图 6-60

（11）刘海：90°向上提拉去除发量（图6-61）。

（12）以刘海为引导，顶区放射修剪边沿层次（图6-62）。

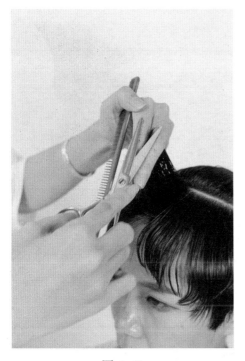

图6-61

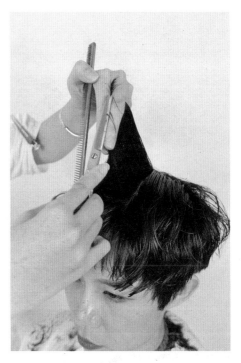

图6-62

（13）整理刘海的弧形边缘线，修剪整齐（图6-63）。

（14）侧面低角度提拉，调整发量（图6-64）。

图6-63

图6-64

（15）吹干调整发量，强调出束状纹理感（图6-65）。

（16）蓬松发梢，吹出自然弧度（图6-66）。

（17）使用发蜡、发胶造型定型（图6-67）。

图 6-65

图 6-66

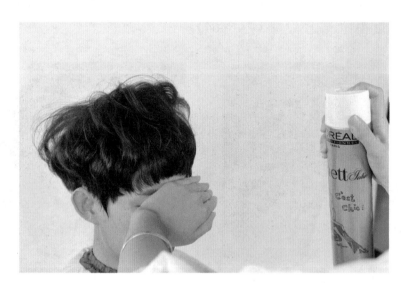

图 6-67

任务四　女式高层次短发剪吹造型

模特原型（图 6–68 至图 6–70 ）

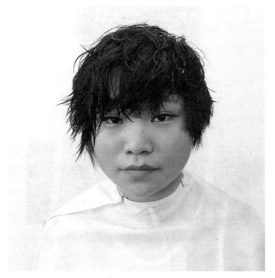

图 6–68

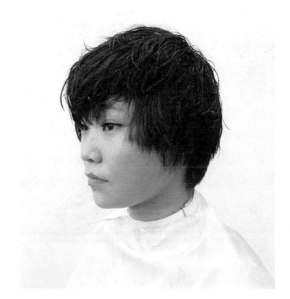

图 6–69

图 6–70

造型效果（图 6–71 至图 6–73）

女士高层次
短发

图 6–71

图 6–72

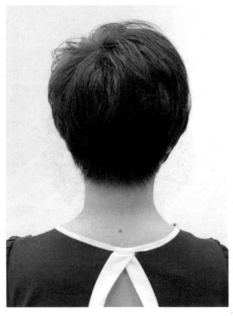

图 6–73

剪吹操作

（1）分发区：枕骨处水平分线（图6–74）。

（2）后发底区：纵向分发片，45°提拉，剪切线与头皮平行（图6–75）。

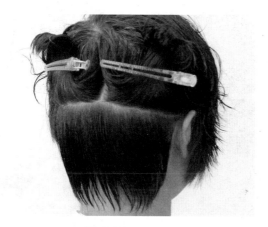 

图 6–74   图 6–75

（3）平行向上分出第二区，以剪完的头发长度为准，提拉角度为45°修剪（图6–76、图6–77）。

图 6–76   图 6–77

（4）侧发区：45°提拉，剪切线与分线平行（图6–78）。

（5）黄金点头发：纵向90°提拉，剪切线与头皮平行修剪，与后发衔接（图6–79）。

（6）刘海：向短的一边提拉修剪，大边放长，两侧不对称（图6–80）。

图 6-78

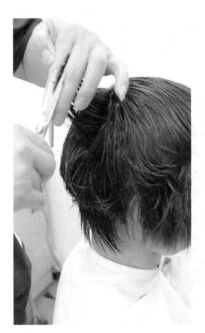
图 6-79

图 6-80

（7）剪完效果（图 6-81 至图 6-83）。

图 6-81

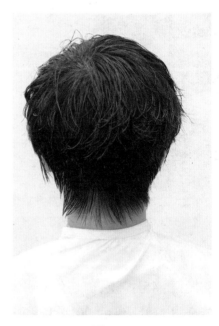
图 6-82

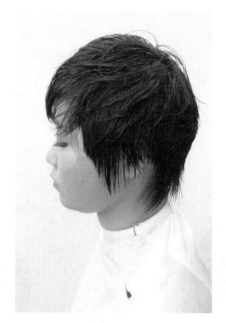

图 6-83

（8）吹干后，调整发量，修剪边线（图 6-84、图 6-85）。

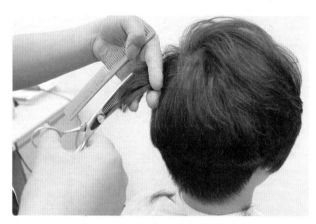

图 6-84

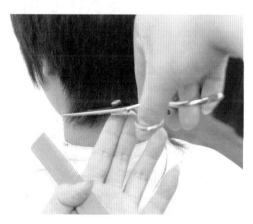

图 6-85

任务五 男式短发剪吹造型

模特原型（图 6-86 至图 6-88）

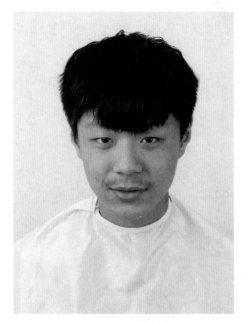

图 6-86

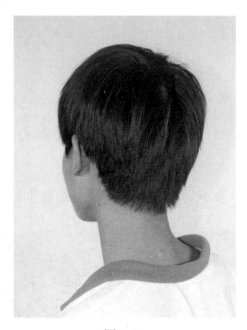

图 6-87

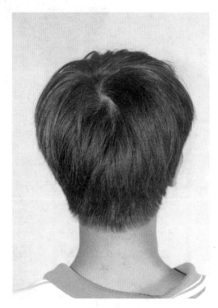

图 6-88

造型效果（图 6–89 至图 6–91 ）

男士短发

图 6–89

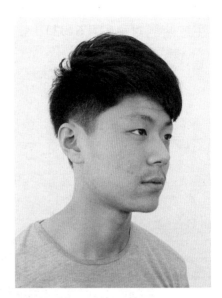

图 6–90

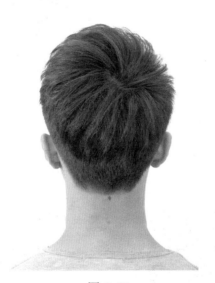

图 6–91

剪吹操作

（1）从头顶横向取一片发片，90°提拉，确定长度（图6-92）。

（2）顶部放射分发片，采用移动引导线，90°提拉转圈裁剪。根据发式设计，四周边沿长度稍短，注意两侧对称（图6-93）。

图 6-92

图 6-93

（3）从后发际线开始，沿侧发际线至鬓角，发梳紧贴头皮插入发际线，倾斜约30°向头顶方向缓慢移动，剪刀贴住发梳将发梳外的头发剪去（图6-94至图6-96）。注意：此时梳子移动要慢而稳，剪刀咬合要快而连贯，发梳的方向要与发际线平行。

图 6-94

图 6-95

图 6-96

（4）另一侧用同样方法修剪（图 6-97、图 6-98）。

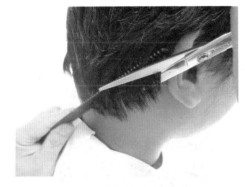

图 6-97

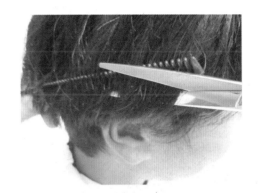

图 6-98

（5）将头发吹干（图 6-99）。

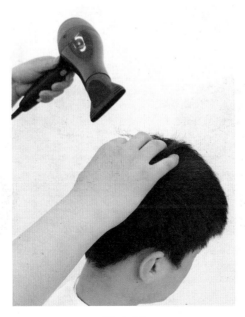

图 6-99

（6）用牙剪调整发尾，全头检查调整，使发型厚薄适宜，层次衔接更自然（图6-100至图6-104）。

图 6-100

图 6-101

图 6-102

图 6-103

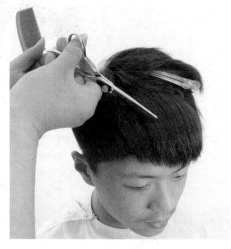

图 6-104

任务六　男士寸发修剪

模特原型（图 6–105 至图 6–107）

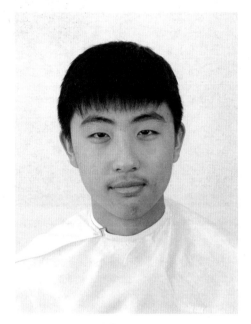

图 6–105

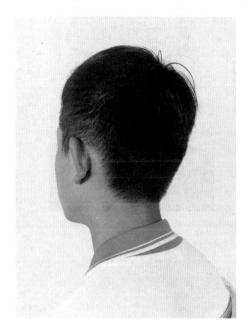

图 6–106

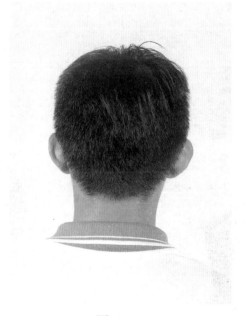

图 6–107

造型效果（图 6-108 至图 6-110 ）

男士寸发

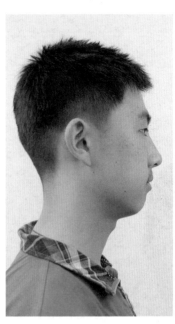

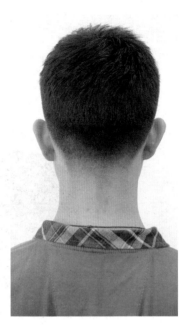

图 6-108　　　　　　　　　　　图 6-109　　　　　　　　　　　图 6-110

修剪操作

（1）从头顶横向取一发片，90°提拉，确定长度。采用移动引导线，向前修剪至前发际线（图 6-111 至图 6-113）。

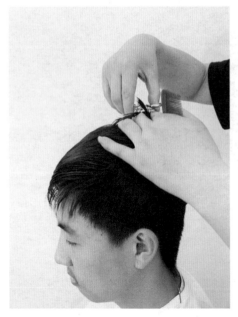

图 6-111

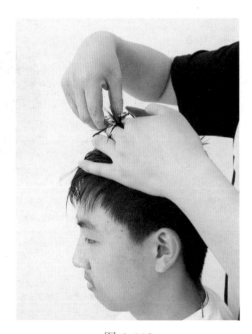

图 6-112

（2）顶部放射分发片,采用移动引导线,**90°**提拉转圈修剪。根据发式设计,四周边沿长度稍短（图6–114）。

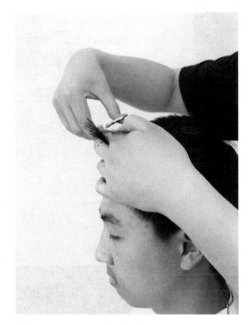

图 6–113

图 6–114

（3）用牙剪修剪发尾,调整发量（图6–115）。

图 6–115

（4）推剪（图6–116至图6–118）。

（5）发梳与牙剪配合调整层次衔接（图6–119至图6–122）。

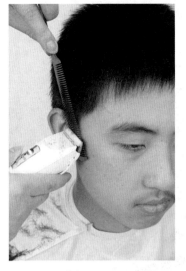

图 6-116

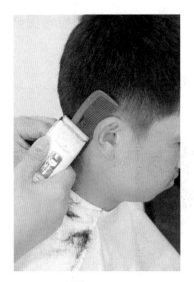

图 6-117

图 6-118

图 6-119

图 6-120

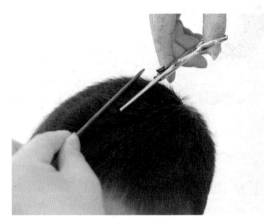

图 6-121

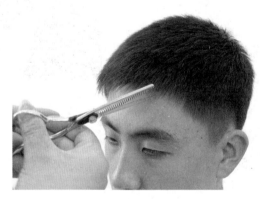

图 6-122

一、剪吹造型企业服务流程

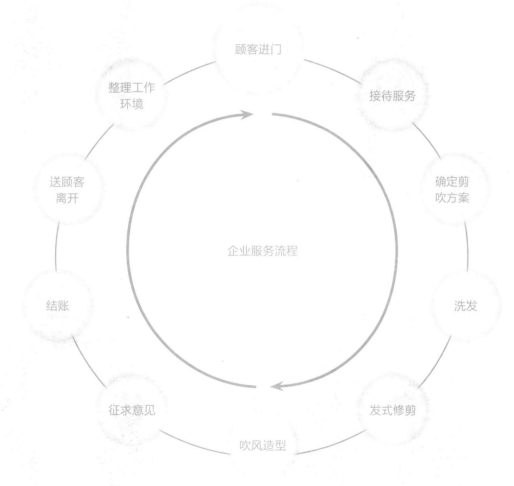

二、剪吹造型发型浏览

发型浏览 1

发型浏览 2

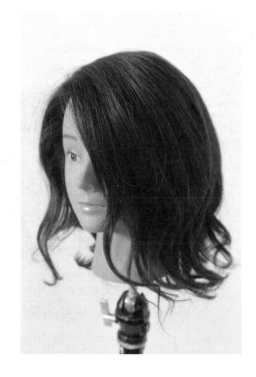

发型浏览 3

发型浏览 4

发型浏览 5

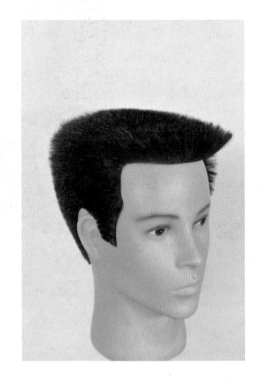

发型浏览 6

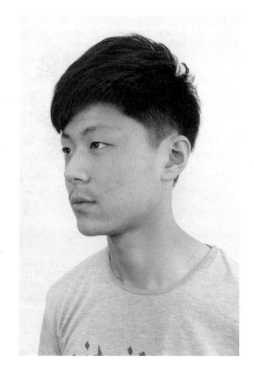

发型浏览 7

发型浏览 8

三、剪吹造型学习总结表

通过学习,你在修剪造型和为顾客服务方面有哪些收获和体会,请记录下来。

1. 零度层次发式剪吹造型学习总结表

发型名称	发型特点	所用工具	重点步骤图示	修剪技法	造型技法	顾客服务	注意事项	收获和体会

2. 低层次发式剪吹造型学习总结表

发型名称	发型 特点	所用 工具	重点步骤 图示	修剪技法	造型 技法	顾客 服务	注意 事项	收获和体会

3. 高层次发式剪吹造型学习总结表

发型名称	发型特点	所用工具	重点步骤图示	修剪技法	造型技法	顾客服务	注意事项	收获和体会
附								

4. 均等层次、混合层次发式剪吹造型学习总结表

发型名称	发型特点	所用工具	重点步骤图示	修剪技法	造型技法	顾客服务	注意事项	收获和体会

参考文献

［1］刘文华.盘发造型［M］.北京:高等教育出版社,2013.

［2］李瑾.美发师(基础知识)［M］.北京:中国劳动社会保障出版社,2001.

［3］应曼萍.美发师——初级技能 中级技能 高级技能［M］.北京:中国劳动社会保障出版社,2010.

［4］周京红,黄源.美发与造型［M］.3版.北京:高等教育出版社,2021.

［5］耿兵.美发基础［M］.上海:上海交通大学出版社,2010.

［6］横手康浩.日本剪发技术解析［M］.张英,译.沈阳:辽宁科学技术出版社,2008.

［7］孙权.美发实用技术解析［M］.沈阳:辽宁科学技术出版社,2013.

［8］卢晨明.DX烫染造型系统［M］.北京:中国劳动社会保障出版社,2014.

［9］任健旭.美发店流程与细节管理［M］.沈阳:辽宁科学技术出版社,2009.

［10］邓创.发型助理培训教程［M］.沈阳:辽宁科学技术出版社,2008.

郑重声明

高等教育出版社依法对本书享有专有出版权。任何未经许可的复制、销售行为均违反《中华人民共和国著作权法》，其行为人将承担相应的民事责任和行政责任；构成犯罪的，将被依法追究刑事责任。为了维护市场秩序，保护读者的合法权益，避免读者误用盗版书造成不良后果，我社将配合行政执法部门和司法机关对违法犯罪的单位和个人进行严厉打击。社会各界人士如发现上述侵权行为，希望及时举报，我社将奖励举报有功人员。

反盗版举报电话　（010）58581999　58582371
反盗版举报邮箱　dd@hep.com.cn
通信地址　北京市西城区德外大街4号　高等教育出版社法律事务部
邮政编码　100120

读者意见反馈

为收集对教材的意见建议，进一步完善教材编写并做好服务工作，读者可将对本教材的意见建议通过如下渠道反馈至我社。

咨询电话　400-810-0598
反馈邮箱　zz_dzyj@pub.hep.cn
通信地址　北京市朝阳区惠新东街4号富盛大厦1座
　　　　　高等教育出版社总编辑办公室
邮政编码　100029

防伪查询说明

用户购书后刮开封底防伪涂层，使用手机微信等软件扫描二维码，会跳转至防伪查询网页，获得所购图书详细信息。

防伪客服电话
（010）58582300

学习卡账号使用说明

一、注册/登录

访问http://abook.hep.com.cn/sve，点击"注册"，在注册页面输入用户名、密码及常用的邮箱进行注册。已注册的用户直接输入用户名和密码登录即可进入"我的课程"页面。

二、课程绑定

点击"我的课程"页面右上方"绑定课程"，在"明码"框中正确输入教材封底防伪标签上的20位数字，点击"确定"完成课程绑定。

三、访问课程

在"正在学习"列表中选择已绑定的课程，点击"进入课程"即可浏览或下载与本书配套的课程资源。刚绑定的课程请在"申请学习"列表中选择相应课程并点击"进入课程"。

如有账号问题，请发邮件至：4a_admin_zz@pub.hep.cn。